アマチュア無線で世界を旅する

氷に閉ざされた南極大陸．
荒波に浮かぶ絶海孤島．
9時間の時差を追いかけてくるヨーロッパ．
地球上すべての地域が，いま自分の目の前にひろがる．

HF ― 最もダイナミックな無線通信の世界へようこそ

世界QSLカード紀行 アジア

私たちになじみ深いアジア．しかし，中近東から極東まで，多様な国・景色が広がる．
日本からは距離が近く，交信のチャンスが多い．

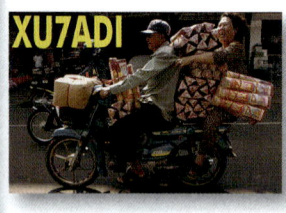

アマチュア無線で世界を旅する

世界QSLカード紀行 オセアニア

太平洋いっぱいに広がるオセアニア．南の島と聞いてイメージするようなリゾート地から絶海の孤島まで，良好な信号で交信が楽しめる．

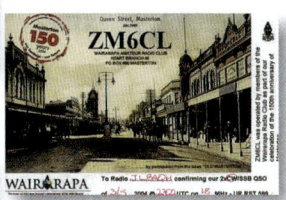

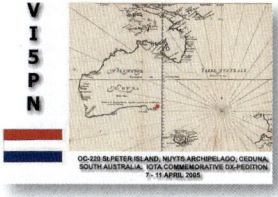

HF通信入門 | III

世界QSLカード紀行 北米・中米・南米

北米・南米はアマチュア局の数も多く交信しやすい．カリブ海の局は交信が難しいが，交信できるときは意外と簡単にできてしまう．

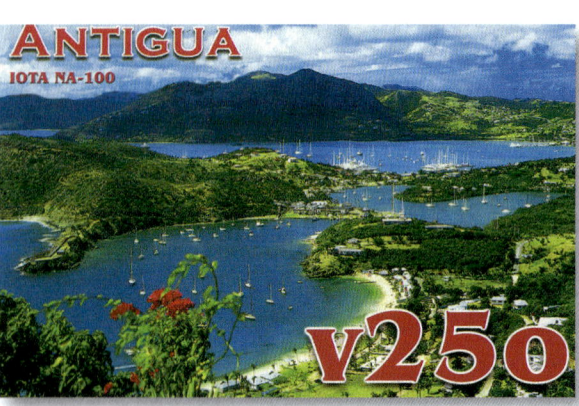

アマチュア無線で世界を旅する

世界QSLカード紀行 ヨーロッパ

ヨーロッパは国の数が多く，一度にたくさんの国が聞こえてくる．
日によっては1時間でヨーロッパ各国を巡ってしまうことも．

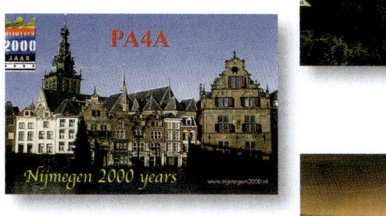

HF通信入門 | V

世界QSLカード紀行 アフリカ

アフリカは秋にロングパスと呼ばれるルートで信号が到来する．
20,000km以上の距離を経て，エコーのかかったその信号は本当に神秘的だ．

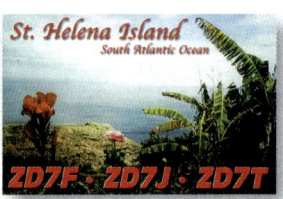

アマチュア無線で世界を旅する

世界QSLカード紀行 北極・南極圏

北極・南極圏は実際に訪れる機会が最も少ない場所の一つだろう.
しかし,HFの電波はそんなことはおかまいなしだ.あなたを氷の大地へとつれて行ってくれる.

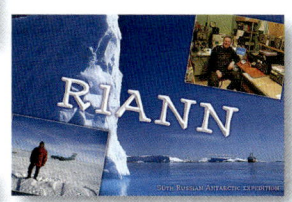

アマチュア無線用大圏地図

日本から世界各地への距離と方位が一目でわかります．
通常，HFの電波はこの地図上の経路（大圏コース）を伝搬します．

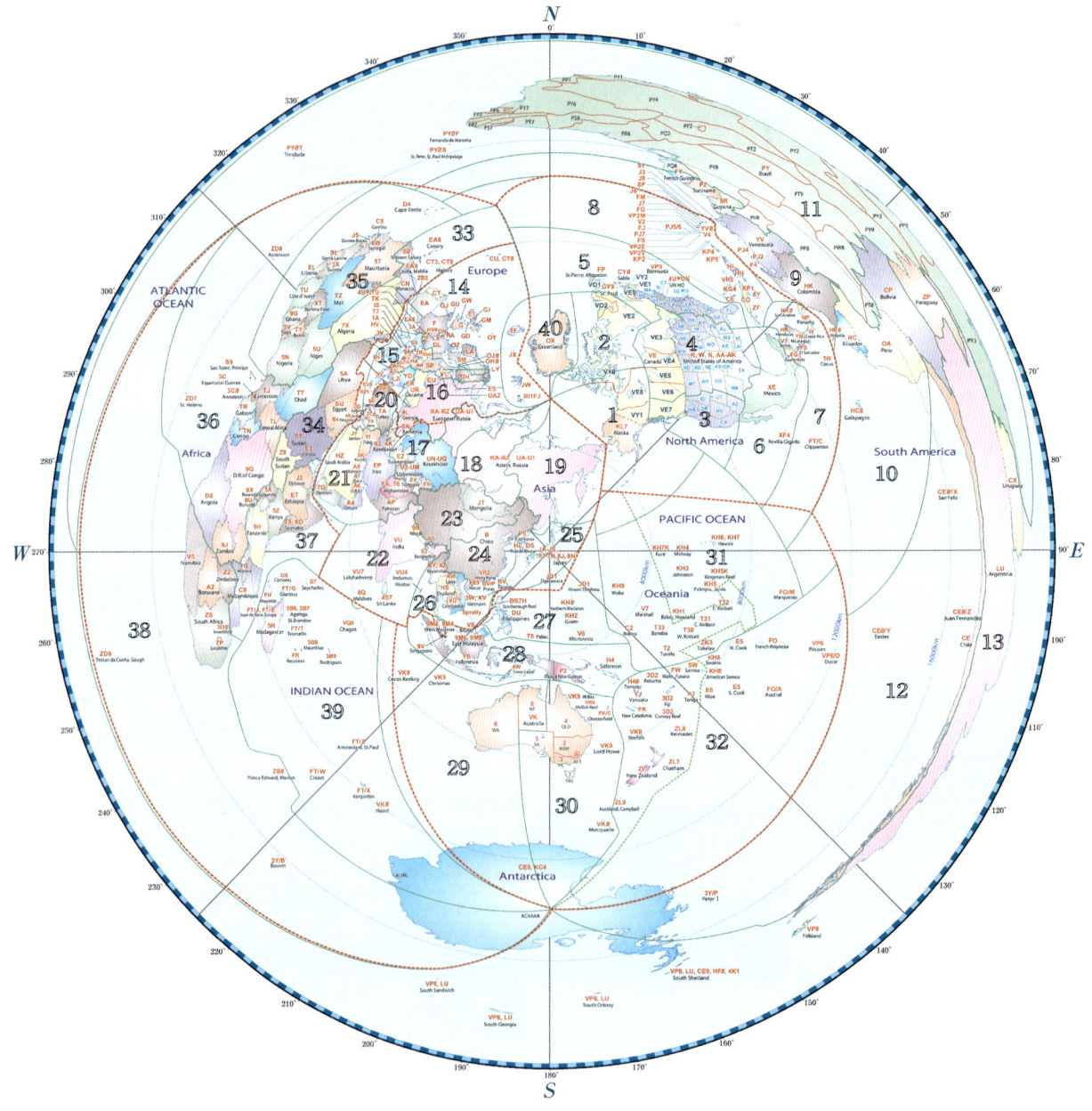

アマチュア無線運用シリーズ

HF通信入門

アマチュア無線で世界を旅する

JL8AQH 前田 隼 [著]

CQ出版社

はじめに

　今の携帯電話・インターネット全盛期になぜ無線がおもしろいのでしょうか．それもなぜHFなのでしょうか．アマチュア無線を楽しんでいる人からすると，おもしろいからというのがもっともな理由でしょうが，アマチュア無線をやっていない人にはどのように説明したらよいのでしょうか．無線とHFの世界を見直すいい機会かと思い，ここで少し考えてみることにします．

　無線が携帯電話やインターネットと最も違うのは，アマチュア無線では一つひとつの交信が偶然から生まれることです．携帯電話やインターネットにある「必然性」がアマチュア無線の世界では「偶然性」となり，「連絡を取る」のではなく「交信を楽しむ」ことになります．つまりアマチュア無線の交信はそもそも，連絡事項や用事を伝えるために行うのではないのです．見知らぬ土地との交信を楽しむため，初めて会う人との会話を楽しむために交信するのです．そう，交信そのものが楽しいのです．自分の知らない世界に思いをはせて，電波を使って日本や世界をめぐる，これこそがアマチュア無線，HFの世界のおもしろさです．

　時代とともにアマチュア無線の世界もデジタル化が進んできています．無線機は液晶画面を搭載し，信号をデジタル処理するものが登場しましたし，アンテナは遠隔操作で任意の周波数に同調するものが登場しました．このように機器は確かに進歩しました．しかし，HFの世界は今も昔も変わらず地球大気の一部である電離層を利用して通信を行っています．つまり，アンテナを出た電波がどこをどのように飛んでいくのか，どこで受信されるのか，これはもう私たちの手の届かない上空300kmの世界で決まることなのです．機器がいくら進歩しようとも，根本的な通信方法――電離層による電波の反射の利用――は100年前のHF通信黎明期と一つも変わらないのです．ここにまた一つ，HF通信のおもしろさがあります．

　電離層というダイナミックな自然現象の不思議と，偶然のタイミングが織りなすお空の上での出会いがあなたを待っています．ぜひこのロマンあふれるHFの世界を肌で感じてみてください．きっと期待した以上の感動があなたを待っています．本書がHF通信入門の一助になれば，筆者望外の喜びです．

●

JL8AQH 前田 隼　2013年3月　早春の札幌にて

もくじ

アマチュア無線で世界を旅する ... I
- HF ─ 最もダイナミックな無線通信の世界へようこそ ... I
- 世界QSLカード紀行 アジア ... II
- 世界QSLカード紀行 オセアニア ... III
- 世界QSLカード紀行 北米・中米・南米 ... IV
- 世界QSLカード紀行 ヨーロッパ ... V
- 世界QSLカード紀行 アフリカ ... VI
- 世界QSLカード紀行 北極・南極圏 ... VII
- アマチュア無線用大圏地図 ... VIII

はじめに ... 2

第1章　HFの世界へようこそ ... 6
- 1-1　イントロダクション ... 6
- 1-2　HFのおもしろさ ... 7
- 1-3　HFとは ... 12
  - ・HFの電波とは? ... 12
  - ・HFとV/UHFの違い ... 13
  - ・HFの無線交信 ... 15
  - コラム1-1　そもそも「HF」とは何? ... 13
  - コラム1-2　電離層とHF通信の歴史 ... 14

第2章　HFの無線設備 ... 18
- 2-1　無線局拝見 ... 18
- 2-2　自分だけのHF無線局を構築する ... 19
  - ・無線機編 ... 19
  - ・付属品・周辺機器編 ... 21
  - ・アンテナ編 ... 22
- 2-3　実際どれくらい交信できるのか──モデルケースの紹介 ... 31
- 2-4　HF運用を補助するもの ... 34
  - ・大圏地図 ... 34
  - ・ログ ... 34
  - コラム2-1　給電部にはバランを入れよう ... 23
  - コラム2-2　ダイポール・アンテナを張る方向 ... 26
  - コラム2-3　アンテナ・アナライザ ... 27
  - コラム2-4　ヘアピン・マッチ ... 28

もくじ

  コラム2-5 同軸ケーブルを室内に引き込む方法 ･･････････････････････････ 30

  コラム2-6 HFで思うように飛ばなかったら ･･････････････････････････････ 33

第3章 HFバンドの特徴と使い方 ･･････････････････････････････････････ 36

3-1 アマチュアHFバンド ･･ 36

3-2 バンドごとの特徴と使い方 ･･ 38

- 1.8/1.9MHz帯（160mバンド） ･･･ 38
- 3.5/3.8MHz帯（80m/75mバンド） ･･･････････････････････････････････････ 40
- 7MHz帯（40mバンド） ･･ 43
- 10MHz帯（30mバンド） ･･ 46
- 14MHz帯（20mバンド） ･･ 48
- 18MHz帯（17mバンド） ･･ 51
- 21MHz帯（15mバンド） ･･ 54
- 24MHz帯（12mバンド） ･･ 57
- 28MHz帯（10mバンド） ･･ 60

  コラム3-1 バンド選びに迷ったら ･･････････････････････････････････････ 37

  コラム3-2 バルーン・アンテナ ･･･ 42

  コラム3-3 国旗アンテナ ･･･ 43

  コラム3-4 日の出すぎの5U7WP ････････････････････････････････････ 45

  コラム3-5 海外コンテストはぜひ14MHzで ････････････････････････････ 50

  コラム3-6 HF通信入門にお勧めの18MHz ････････････････････････････ 53

  コラム3-7 地上高3mのダイポール・アンテナとヤン・マイエン島 ････････ 56

  コラム3-8 CQを出してみよう ･･･ 59

第4章 HFの交信 ･･･ 62

4-1 交信の種類 ･･ 62

4-2 SSBによる実際の交信 ･･ 63

- 国内ラバー・スタンプQSO ･･ 63
- 国内ショートQSO ･･･ 64
- 国内コンテストでの交信 ･･･ 64
- 海外ラバー・スタンプQSO ･･ 65
- DXペディション局との交信 ･･ 66
- 海外コンテストでの交信 ･･･ 67

4-3 CWによる実際の交信 ･･ 72

もくじ

- 国内ラバー・スタンプQSO ……………………………………… 73
- 国内ショートQSO ………………………………………………… 74
- 国内コンテストでの交信 ………………………………………… 75
- 海外ラバー・スタンプQSO ……………………………………… 76
- DXペディション局との交信 ……………………………………… 77
- 海外コンテストでの交信 ………………………………………… 78

4-4　スプリット運用 …………………………………………………………… 83
4-5　HF帯で遭遇するさまざまな信号と対処の仕方 ………………………… 85
4-6　HF運用のマナー …………………………………………………………… 87
4-7　73（交信を終えた）の後に ………………………………………………… 89

 コラム4-1　QSLカードは一方的にビューローで，というのはなに? ……… 64
 コラム4-2　ハンドル・ネーム ………………………………………………… 66
 コラム4-3　コールサインはフル・コールで ………………………………… 67
 コラム4-4　よく出会う地域指定「CQ EU（トッ・トトツー）」 ……………… 79
 コラム4-5　CQ（不特定多数を呼び出す）を出す前に ……………………… 79
 コラム4-6　QSL? ……………………………………………………………… 82
 コラム4-7　ビッグ・ガンが取り残されたわけ ……………………………… 84
 コラム4-8　QRZ.comとは? …………………………………………………… 91
 コラム4-9　IRCとグリーン・スタンプ ……………………………………… 91

第5章　HF電波伝搬 …………………………………………………………… 92

5-1　電波の伝わり方 …………………………………………………………… 92
5-2　電離層とは? ……………………………………………………………… 92
5-3　HF電波伝搬 ……………………………………………………………… 95
 ・国内交信とHF電波伝搬 ……………………………………………… 95
 ・海外交信とHF電波伝搬 ……………………………………………… 96
 コラム5-1　コンディションが良いのはいつ? ……………………………… 97
 コラム5-2　海外交信にはアンテナの打ち上げ角は低いほうが良い? …… 100
 コラム5-3　電波伝搬はわからないことだらけ …………………………… 101

資料編-01　ラバースタンプQSO 虎の巻 …… 102
資料編-02　HF通信用語集 …………………… 104
資料編-03　DXCC Entity List ……………… 108
資料編-04　国際呼出符字列分配表 ………… 118

索引 ……………………………………………… 124
著者プロフィール ……………………………… 127

第1章

HFの世界へようこそ
～HF，その扉の向こうへ～

インターネットの時代にアマチュア無線？ それもなぜHF？ 多くのアマチュア無線家を魅了してやまないHFの世界とはいったいどのようなところなのでしょうか．HF，その扉の向こうへご案内いたします．

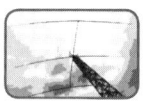 ## 1-1　イントロダクション

　夜．ぼんやりと電球が照らす部屋の中．机の真ん中には小さな無線機が置かれている．横にはマイクとモールス符号を打つための電鍵．スピーカからはザーというノイズが聞こえている．「ツートツート　ツーツートツー」無線機のダイヤルを回すと，ノイズを突き破るようにして，モールス信号が浮かび上がった．符号は続いた．

「CQ DE VY0ICE VY0ICE K」

　カナダ，それも北極圏の局のようだ．どうりで極越え特有のふるえるような信号だ．「さて」，と電鍵に手を伸ばす．カチカチカチ．静かな部屋にモールス符号を打つ音だけが響く．

「JL8AQH GE 579 579 K」こちらから呼び出すとすぐに応答があった．単なるモールス信号だけれども，北極圏から届く信号に身震いしてしまった．

　日が昇ったら，無線機の周波数を7MHzにしてみよう．日本各地からの信号で埋まっている．「おはようございます．こちらの天気は晴れ，気温は……」と楽しそう．自分の住む地域とは天気も気温も違うことに驚く．北は北海道から南は九州，そして沖縄まで，日本中の信号が聞こえている．さて，どの局と交信しようか．今日は休日だ．

　　　　　＊　　　　　＊　　　　　＊

　これは映画のワンシーンでしょうか ― いいえ．これはあなたがこれから開こうとしている扉の向こう，HFの世界のワン・シーンです．机に置かれた無線機はあなたと日本，そして世界を結ぶ窓となります．電話線でつながっているわけではないのに通信できる不思議，見知らぬ土地や人々との出会い，これらすべての感動があなたを待っているのです．

そうだ，免許を取ろう！

　アマチュア無線の世界を覗いてみたくなったら，ぜひ免許を取得してください（図1-1）．免許がなくとも受信することは可能ですが，送信（交信）するには免許が必要です．

　アマチュア無線の資格は第1級から第4級まであり，第1級が一番難しい資格です．HFに入門されるのであれば，まずは第3級アマチュア無線技士

第1章　HFの世界へようこそ

の資格を取得されることをお勧めします．その理由は，試験問題が簡単なこと，第4級よりも大きな出力（最大50W）が扱えること，運用できる周波数が第4級より多い（10/14MHz以外のすべてのバンドが運用できる）ことです．

アマチュア無線技士の試験は日本無線協会によって行われ，詳しい試験日程・会場，受験申請の方法は同協会のホームページでご覧になれます．

また，CQ出版社から試験問題集や解説書が出版されています．大きめの書店で入手可能ですから，ぜひアマチュア無線技士の免許を取得して，HFの世界へ飛び込んでいきましょう！

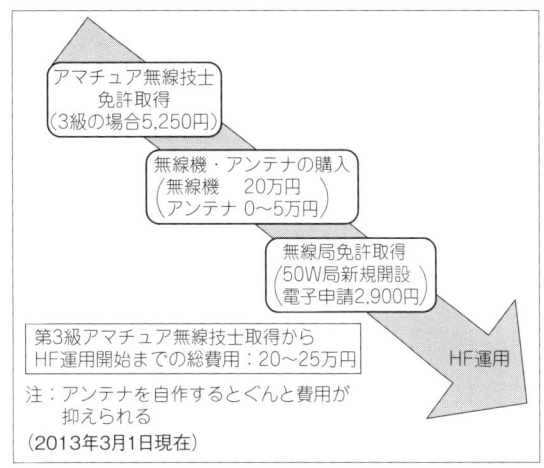

図1-1　アマチュア無線技士の資格取得からHF運用までのフローチャートとおよその費用（第3級アマチュア無線技士の例）

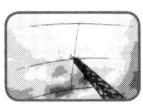 ## 1-2　HFのおもしろさ

HFの世界へようこそ！

もっともダイナミックで多彩な無線通信の世界，HFの世界へようこそ．HFの電波は日本全国はもとより世界中へ飛んでいきます．そのため，もっと遠くと交信したい，自分の電波がどこまで飛んでいくのか実感してみたいという方にはHFの世界はうってつけです．

■ HFでどこと交信できる？

HF通信の最大の特徴は，世界中どことでも交信できるという一点に尽きます．それも小さな無線機一つに軒先に上げたアンテナで可能です．にわかには信じられませんか？ ── いいえ，たとえ電球一つ点けることのできない5Wの電力でも，HFの電波ははるか彼方の太平洋上の島までいとも簡単に届いてしまうのです（**図1-2**）．

このように小さな設備でどことでも交信できるのがHF通信の魅力で，それゆえいまだに世界中

図1-2　HFの電波は電離層と呼ばれる地球大気の一部によって反射される．そのため，電離層反射と地上反射を繰り返すことで海外まで飛んでいく

の多くのアマチュア無線家を魅了してやみません．たとえV/UHFから無線の世界へ入門した方でも，「遠くと交信したい」というのは，止めるこ

HF通信入門　|　7

写真1-1 無線の最も本質的な楽しみは無線機のダイヤルを回して，どこが聞こえてくるのかと心躍らせることではないだろうか．HFバンドはそのわくわく感をいつでも与えてくれる

写真1-2 無線と聞いてモールス通信をイメージする人は多い．それほど古典的な通信手段だが，アマチュア無線のHFの世界では主力となる通信モードの一つ

とのできない願望かと思います．HFの電波は「遠くと交信する」究極かつ最も手軽な手段なのです．

HFって何がおもしろいの？

■ 無線機のダイヤルを回す，それそのものが楽しい

HFの楽しみはまず，日々変化する通信状態によって今日はどこと交信できるだろうか，そう思いながら無線機のダイヤルを回すことでしょう（**写真1-1**）．V/UHFと違い，交信できる範囲が決まっているわけではなく，むしろ毎日通信状態が変わるため，昨日は北海道がとてもよく聞こえていたけれど，今日は九州がよく聞こえている，というようにその日によって聞こえてくる地域が異なったり，あるいは同一の局が前日よりも強く入感したりすることが頻繁にあります．また，季節によっても交信できる地域が変わるため，無線通信の中にも季節感を感じることができます．

■ モールス通信の輝くHF

つぎにHF通信の楽しみとしてモールス通信（電信）による運用があげられます（**写真1-2**）．業務無線の世界では一部を除いてモールス符号を使った無線交信が撤廃されたため，いまやモールス符号を使って実際に交信を楽しむことができるのはアマチュア無線の世界のみとなっています．

「無線」というとさまざまなイメージが思い浮かびますが，そのなかには縦振り電鍵を使ったモールス通信のイメージがあるのではないでしょうか．無線の原点であるモールス通信は業務無線でこそ使われなくなりましたが，いまだにアマチュア無線のHFの世界では主要な交信手段として使われています．そう，HFでは無線通信の原点を自分で体験することができるのです．

■ HFで日本・世界の広さを実感できる

HFのおもしろさはまだまだあります．たとえばあなたの住む地域から北海道の局と交信することを考えてみてください．時期は3月下旬にしましょうか．北海道はまだまだ寒い日が続き，相手局は雪が地面から何cmですといったことを話題にしてくるでしょう．ところがあなたのお住まいの地域ではもうすでに桜が満開かもしれません．

第1章　HFの世界へようこそ

あるいは，北海道の局が気温がマイナス5度です，と伝えてきたとき，あなたの住む地域ではプラス23度かもしれません．このようにHFで交信すると日本の広さや地域ごとの季節感，文化，風土を肌で感じることができます．

さて，日本から世界へと範囲を広げてみましょう．英語ができないと海外交信はできない？ ― そんなことはありません．交信の際に何を言うかということ，つまり交信内容はだいたい決まっていますから，不安に思うことはありません．たいてい国内交信と同じでコールサイン，RSTレポート，名前，住所，天気，無線機・アンテナについての情報を交換します．モールス通信ができるのであれば，発音を心配する必要がなく海外交信はさらに身近になります．

日本時間の夕方にはヨーロッパの局が聞こえてきます．さて，こちらからなんと挨拶したらよいでしょうか．答えはGood Morning！です．そうです，時差があるため日本の夕方はヨーロッパの朝にあたるからです．挨拶一つとってみてもおもしろいですね．世界中と交信していると無意識に相手の地域が朝なのか夕方なのかすぐにわかるようになります．そうそう，挨拶といえばHFの海外交信ではお互いの言語で挨拶することも多くあります．たとえばイタリアの局と交信を終えるとき，こちらからはCiao(チャオ)！，相手からはSayonara(さよなら)！といった具合です．実際にこのような場面に出会うととても心が温まります．HF通信ではこのように，ちょっとしたことでも世界の広さを実感できます(**図1-3**)．

■ 無線を通じた人との出会い

また，アクティブにHFで国内交信を楽しんでいると，日本中におなじみの局が増えていきます．運用するたびに，聞こえていれば声をかけてくれ

図1-3　HFの無線機は日本中あるいは世界中とリアルタイムでつながった窓のようなもの．自分の知らない世界へ連れて行ってくれると同時に，自分の知らなかった日本の姿や世界の姿を教えてくれる

る局もいれば，毎年決まった季節に再会する局もいることでしょう．このようにHFでの交信を通して段々と友人の輪が広がっていくと，それはかけがえのない財産になります．いつの日か実際に会うことのできる日まで，あるいはそうでなくてもお空で再会できる日まで，これからもHFに出てみようというきっかけを与えてくれます．

海外交信でも国内交信と同様，アクティブに運用していると「お空の上での顔なじみ」がどんどん増えていきます．

■ コンテストで楽しむHF

コンテストとは，決められた時間内にどれだけ多くの局と交信できるかを競うものです．多くは週末や休日にあわせて開催されます．

コンテストでの交信は基本的にとても短く，コールサインとコンテスト・ナンバーを交換するのみです．すぐに交信が終わるため，運用に慣れて

いない初心者でもとっつきやすく，場数を踏むのに最適です．

HFでのコンテストはたとえ国内コンテストであっても日本全国が交信対象です．海外コンテストともなれば2日間で100か国以上と交信することも珍しくありません．HF運用に慣れてきたら，スケールの大きなコンテストに参加して運用技術を磨いたり，自分の設備でどれくらい交信できるのかを試してみたりしてはいかがでしょうか．

■ **自作機器・アンテナで楽しむHF**

さて，ここまではHFを実際に「運用する」おもしろさをご紹介してきましたが，それ以外にもまだまだあります．技術的な楽しみです．

電気回路に興味があれば，自分で無線機を作って運用してみたくありませんか？ ― もちろん可能です．現在でもHF無線機のキットが供給されています．あるいは電気回路はちょっと苦手だけれど，工作は好きという方であれば，アンテナの自作がお勧めです（**写真1-3**）．アンテナの設計〜製作はとても簡単なため誰にでも取り組むことができます．

このように自作機器を使って運用・実験することは，まさにアマチュア業務ですね．技術分野でアマチュア無線を楽しみたい方も，HFの世界は格好の実験場になるでしょう．

■ **QSLカードを集めて楽しむHF**

アマチュア無線では，交信の記念・証明として交信証明書（通称：QSLカード）を発行するのが習慣です．HF運用を続けていくと日本全国，世界各地からQSLカードが届くようになります．近年ではほとんど絵葉書ともいえるフル・カラー印刷の美しいQSLカードが多くなってきました（**写真1-4**）．

HFを運用して日本中・世界中と交信できる喜

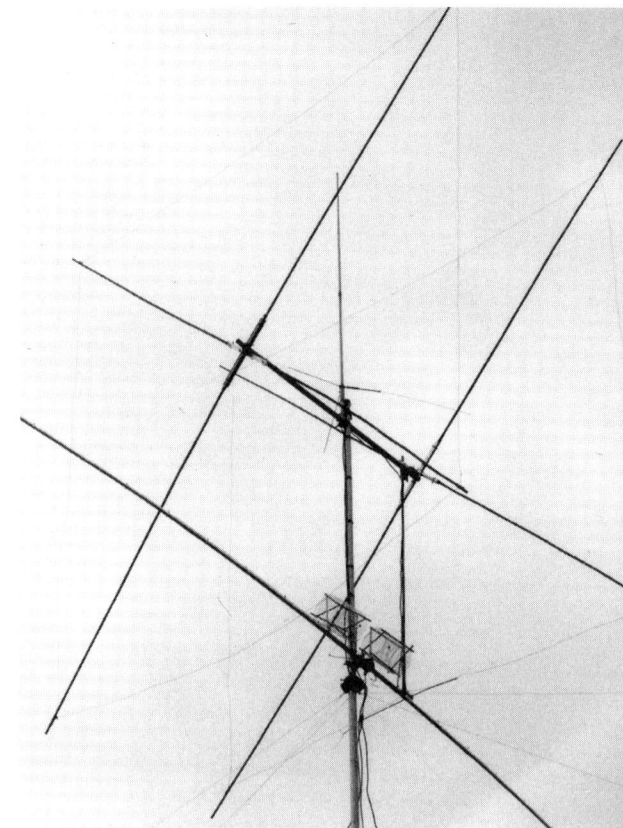

写真1-3　21MHz用自作キュービカルクワド・アンテナ
現在でもアンテナを自作する局は多い．いかに安く，かつ高性能なアンテナに仕上げるか，とても奥が深い

びとともに，訪れたことのない土地からのQSLカードはきっと大切な宝物になるでしょう．

■ **アワードを集めて楽しむHF**

QSLカードは「交信証明書」ですから，これを集めることで，さまざまな証書（アワード）を申請することができます．

たとえば日本のすべてのコール・エリアと交信してQSLカードを揃えた場合，JARLが発行するAJD（All Japan District）アワードを申請することができます．また，世界6大陸と交信してすべての大陸からのQSLカードがそろえば，IARUが発行するWAC（Worked All Continents）アワードを

第1章　HFの世界へようこそ

写真1-4　HFで交信した世界各地のアマチュア無線局から届いたQSLカード
左列上段から，カナダ（北米），アルーバ（南米），イギリス（ヨーロッパ），右列上段からマデイラ諸島（アフリカ），スロベニア（ヨーロッパ），ドイツ（ヨーロッパ）．HFで世界を旅して手に入れたポストカードと言えるだろう．HFを運用して，世界旅行に出かけてみてはいかがだろうか

　手にすることができます（p.12の**写真1-5**）．
　このようにQSLカードを集めて，さまざまなアワードを申請してみるのも楽しいでしょう．日本全国，世界中に数えきれないほど多くのアワードがあり，中には副賞（ご当地の名産物）が付いたものまであります．
　ビギナーにとって手が届きやすいアワードは，AJDとWACでしょう．ぜひ日本各地，世界各地からのQSLカードを集めてアワードを申請してみてはいかがでしょうか．

HF通信入門　11

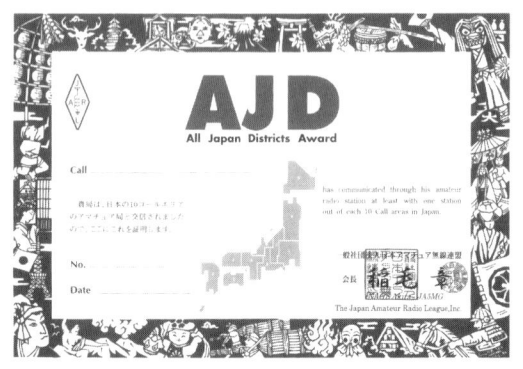

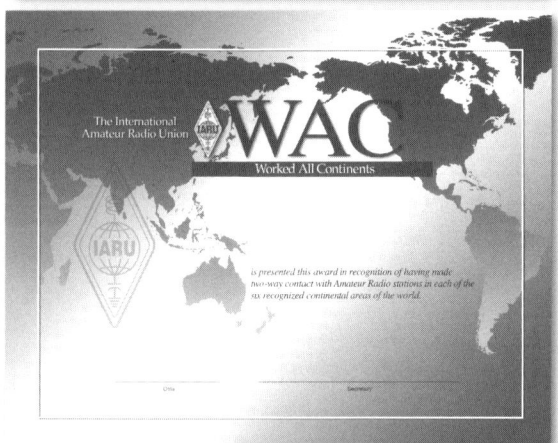

写真1-5 国内・海外のアワードの例
上段は国内のアワードで，左が全コール・エリアとの交信を証明するAJD，右が全都道府県との交信を証明するWAJA．下段は海外のアワードで左が世界6大陸との交信を証明するWAC，右が世界100エンティティーとの交信を証明するDXCC

 1-3　HFとは

さて，ここからはもう少し詳しくHFとは何か，HFの電波がどのような性質をもっているのかについて見ていきましょう．

HFの電波とは？

HFとは，3MHz〜30MHz（波長100m〜10m）の電波のことを言い，アマチュアバンドとしては，1.8MHz〜28MHzがHFバンドと呼ばれています（**図1-4**）．1.8MHzは本来MF（中波）帯ですが，アマチュアの世界では慣例的にHF帯に含み，トップバンドと呼ばれます．

■ ローバンドとハイバンド

また，**図1-4**に示したように，アマチュア無線の世界では，1.8MHz〜10MHzの低い周波数帯のまとまりをローバンド，14MHz〜28MHzまでの高い周波数帯のまとまりをハイバンドと呼びま

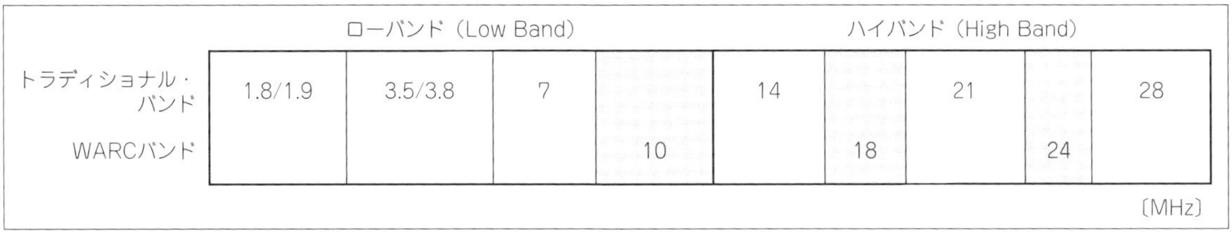

第1章　HFの世界へようこそ

	ローバンド（Low Band）			ハイバンド（High Band）		
トラディショナル・バンド	1.8/1.9　3.5/3.8		7	14	21	28
WARCバンド			10	18	24	

〔MHz〕

図1-4　アマチュア無線のHFバンド
アマチュア無線には九つのHFバンドが割り当てられている．古くから割り当てられているトラディショナル・バンドと，1980年代以降に追加割り当てされたWARCバンドがある．はじめてのHF運用には小さな設備で楽しめるハイバンドがお勧めだが，国内交信を楽しみたいなら7MHzも外せない

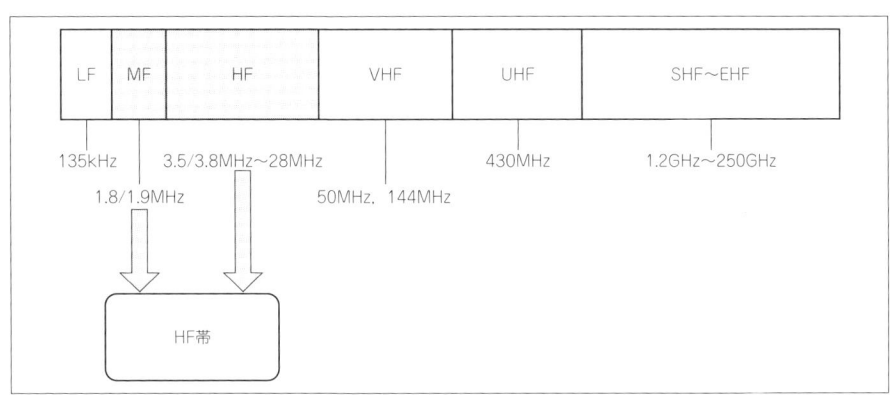

図1-5　アマチュアバンドと周波数帯
HF帯は周波数スペクトルの中でも低いほうに位置していることがわかる．この位置づけが無線通信の中で最もダイナミックな電離層反射波を可能にしている

す．ローバンドとハイバンドでは電波伝搬が異なるため，同時刻に交信できる地域が異なります．また一般的に，ハイバンドのほうが小さなアンテナと小電力で交信が楽しめます．

HFとV/UHFの違い

ここではHFとV/UHFの電波の飛び方の違いから，HFの電波の性質がどのようなものなのかを見ていきたいと思います．

■ HFの位置づけ

まず，HFの位置づけを見てみましょう．図1-5はアマチュア無線に割り当てられた周波数帯を並べて示した図です．これを見ると，HFは数あるアマチュアバンドの中でも低いほうに位置するこ

コラム1-1　そもそも「HF」とは何？

HFとは英語のHigh Frequencyのことで，そのまま日本語に訳すと「高い周波数」帯となります．なぜ「高い周波数」なのでしょうか．

無線通信の歴史を振り返ってみると，もともとは300kHz～3MHzまでのMF（Medium Frequency：中波）帯が通信に利用されていました．かの有名なタイタニック号がSOSを送信したのも500kHzのMF帯です．当時はこのMF帯が無線通信に最適なバンドだと考えられていたため，最も広く利用されていました．そのため，MF帯を基準にしてそれよりも「高い周波数」帯，つまり3MHz～30MHzの電波のことをHigh Frequency＝HFと呼んだのです．

当時，HF帯は長距離無線通信には役に立たないとして業務通信関係者には見向きもされませんでしたが，当時のアマチュア無線家たちが「使ってみた」結果，むしろHF帯こそが小電力で遠距離通信に適していることを発見したのです．この発見を称えて，以来アマチュア無線にHFバンドが割り当てられたのです（トラディショナル・バンド）．このように起源をたどると，HF帯はアマチュア無線とは切っても切れない縁で結ばれていると言えます．

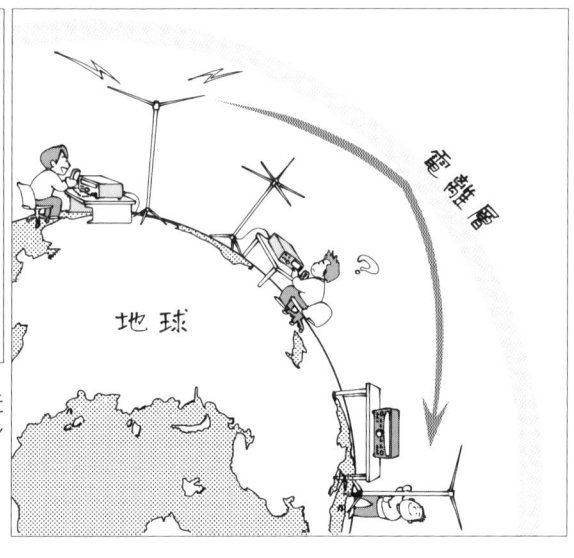

図1-6　V/UHF電波伝搬(左)**とHF電波伝搬**(右)
V/UHFでは直接波が届く近距離が主な通信範囲だが,HFでは近距離はスキップ・ゾーンに入ってしまい通信が困難なことが多い.しかし,V/UHFとは比較にならないほど遠距離の局と交信できる

とがわかります.では,HFの電波はどのような特徴を持っているのでしょうか.

■ 電波伝搬

電波の飛び方のこと,あるいは電波が飛んでいくようすのことを電波伝搬といいますが,V/UHFの電波とHFの電波では電波伝搬が大きく異なります.

図1-6はV/UHFとHFの電波伝搬を比較したものです.V/UHFの電波は通常直接波(や大地反射波)を利用するため,主に見通し距離内が交信範囲で,見通し範囲外の局には電波が届かないため交信できません.また,V/UHFの電波は電離層を突き抜けるため,国際宇宙ステーションとの交信のような宇宙通信にも用いられます(**図1-6左**).

一方,HFの電波は上空の電離層で屈折・反射されるため,容易に見通し外まで飛んでいきます.しかしそのかわり,電波が電離層に反射されて戻ってくるまでの間は,信号が入感しない不感地帯(スキップ・ゾーン)となり交信できません.つまりHFはあまり近距離との交信には向かないわけです(**図1-6右**).

■ HFバンドと使い方

アマチュア無線には1.8/1.9MHzをはじめとして,3.5/3.8MHz,7MHz,10MHz,14MHz,18MHz,21MHz,24MHz,28MHzの九つのHF周波数帯が

コラム1-2　電離層とHF通信の歴史

電離層は1902年にアメリカのアーサー・ケネリーとイギリスのオリヴァー・ヘヴィサイドによってその存在が初めて予測されました.それから22年,実際に電離層の存在を証明したのはエドワード・アップルトンというイギリス人で1924年のことでした.

その後,業務目的の短波(HF)通信・放送が盛んになりましたが,2000年にはすでにHF通信は衛星通信に取って代わられています(もちろん短波放送は今でも盛んです).そう考えると,電離層を利用した通信は100年ちょっとの歴史のうちに急速に発展し,急速に衰退していったことがわかります.

今,業務通信がHFから撤退していくなかで,電離層を利用した通信の「おもしろさ」を体感することができるのはアマチュア無線家のみです.アマチュア無線技士の免許は無線通信の醍醐味ともいえるHF通信の世界へのパスポートでもあるのです.ぜひこのパスポートを使って,無線通信の原点であるHFの世界を大いに楽しんでいただきたいと思います.

第1章　HFの世界へようこそ

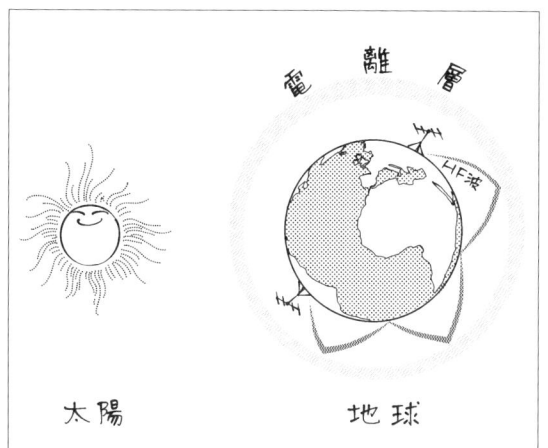

図1-7　HFの電波が屈折・反射を受ける電離層は，太陽からの紫外線の強さによって毎日状態が変わる．つまり，HFのコンディションは太陽のご機嫌次第なのだ

割り当てられています．この周波数帯のことを「バンド」と呼んでいますが，それぞれのバンドにはそれぞれの特徴があります．

たとえば，7000kHz～7200kHzの「7MHzバンド」は国内交信の銀座通りであり，一年中日本全国からの信号でにぎわっています．また，14000～14350kHzの「14MHzバンド」は海外交信が最も盛んなバンドで，一年中世界各地と良好な通信状態にあります．

HFの運用を楽しむコツはこのバンド選びにあります．国内と交信したいのかそれとも海外と交信したいのか，それによってバンド選びも変わります．端的に言うと，国内交信は7MHz，海外交信は14MHz～21MHzが最もよく利用されます．各HFバンドの特徴に関しては「第3章　HFバンドの特徴と使い方」で詳しく解説していきます．

■ HFのコンディションは太陽のご機嫌次第

HFの電波は電離層による反射を利用するため，電離層の状態によって交信できる距離が変わったり，通信の質(音質や信号強度など)が変化したりします．

その電離層は，太陽からの紫外線が地球大気にぶつかることでできています．紫外線が大気中の酸素とぶつかると電離と呼ばれる現象が起こり，自由電子が飛び出します．この自由電子が多く集まっているのが電離層です．

電離層は，太陽からの紫外線が強いほど電子密度が高くなり，HF(特にハイバンド)の電波を良好に反射するようになります．

このような背景からHFでは，ある日，大変遠くの局の電波が驚くような強さで聞こえたかと思うと，逆にさっぱり何も聞こえない日があったりします．これらはすべては太陽のご機嫌次第で起こることなのです(図1-7)．

HFの無線交信

■ HFの運用モード

V/UHFではFMによる電話の交信が一般的ですが，HFでは電話はSSB(とAM・FM)，電信はCWモードを用いて運用します．

● SSBによる交信

HFでは29MHzのFMを除いて電話を運用する場合は主にSSBモードが使われます(写真1-6)．

SSBは占有帯域幅がFMより狭いため音質は劣

写真1-6　マイクを使って交信するSSB運用

写真1-7　電鍵を使って交信するCW運用
左はパドル，右はご存じ縦振り電鍵

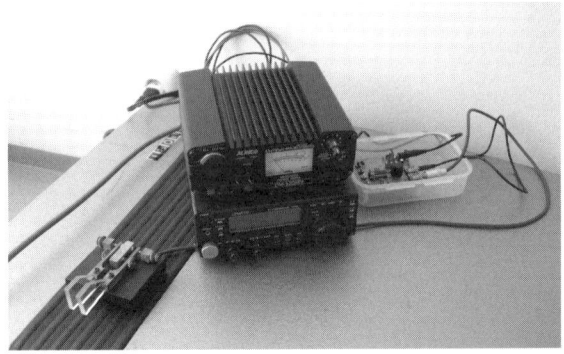

写真1-8　シンプルなHF無線局の例
100W機＋ワイヤ・ダイポール・アンテナで構成．スーツケースに入れて持ち運べるような設備だが，これでも立派なHF無線局で各地と交信できる．筆者がドイツを訪問した際に実際使用したもの

りますが，慣れてくると必要にして十分な音質であることがわかると思います．

● **CWによる交信**

HFではSSBによる交信のほかCWによる交信が大変盛んです．モールス通信は今でも根強い人気があり，欧文・和文ともに大変多くの局がCWを運用しています．

CWの人気がこれほどまでなのは，小電力でも国内外によく飛んでいき，小さな無線設備でも交信を楽しめるからです．

実際に運用してみると実感できますが，CWモードで50W出力があれば，日本国内はもちろんのこと海外とも交信することができます．もちろん，アンテナや電離層の状況などに左右されますが，CWの場合50～100Wあれば十分と考えて差し支えないでしょう．

また，モールス通信では電鍵を叩いて交信するため，その様がいかにも無線をしているという感じがするのも人気のある理由かもしれません（**写真1-7**）．モールス符号を覚えて聞いてわかるようになるには少し時間がかかりますが，とても楽しい世界が待っていますので，興味があればぜひ挑戦してみてください．

● **デジタル・モードによる交信**

本書では取り扱いませんでしたが，SSB，CWといった従来の運用モードに加えて，近年ではRTTY，PSK，JT65，SSTVなどのデジタルモードによる運用も大変盛んになっています．

HF無線局の設備

さて，HFの電波が電離層反射を利用して長距離へ伝搬する特徴を持つことはわかったとして，実際にHFで交信を行うためには具体的にどれくらいの無線設備が必要になるのかが気になるところです．

結論から申し上げますと，「100W出力のトランシーバ＋フルサイズ・ダイポール」の組み合わせが標準的な設備です（**写真1-8**）．また，設備で最も重要なのはやはりアンテナで，少し高さを変えただけでも以前より強く聞こえるようになったりします．国内交信を楽しむぶんには50W以下の出力にモービル・ホイップでも可能ですが，たくさんの局と呼び合う場面になると応答を得られる順番は少々後になるでしょう．海外交信を楽しみたい場合も，電離層の状態（いわゆるコンディション）次第ですが，100Wにフルサイズ・ダイポール

第1章　HFの世界へようこそ

以上の設備がほしいところです．

　無線設備に関しては続く「第2章　HFの無線設備」でくわしく解説していきますが，ここでは前置きとして世界のアマチュアHF局にご登場いただきましょう（**写真1-9**）．これらは筆者が実際に交信して送られてきたQSLカードで，相手局がどのような無線機・アンテナで運用していたのか，また運用者の人柄も垣間見られとても楽しいですね．

N3BB，アメリカ・テキサス州の局

SM7BHM，スウェーデンの局

N4EXAがKP2（USバージン諸島）へ移動したときのシャックとアンテナ

N6AW，アメリカ・カリフォルニア州の局．往年の名機がずらりと並ぶ

LX1AX，ルクセンブルク（ヨーロッパ）の局

T93Y，ボスニア・ヘルツェゴビナ（ヨーロッパ）の局

写真1-9　世界のアマチュアHF局
シンプルな構成の局から大きなアンテナや無線機器がずらりと並ぶ局まで．しかし，設備よりも注目していただきたいのはどの局も「いい表情」をしているところ．HFの世界はそれほどおもしろいのだ

HF通信入門　｜　17

第2章
HFの無線設備
～自分だけのHF無線局の構築～

本章はHFオン・エアへの第一歩，HF無線局の構築編です．HFを運用するための設備の紹介から，実際に必要なもの，無線機やアンテナの購入設置方法，さらに，標準的な設備で実際どの程度の交信ができるのかをご紹介していきます．

2-1 無線局拝見

シャック編

　無線機のある部屋のことを「シャック」と呼びますが，まずはそのシャックを覗いてみましょう（**写真2-1**）．

　いかがですか．案外こんなものかと思われたのではないでしょうか．必要なものは無線機，電源，パドル，マイク，時計，ログくらいでしょうか．基本的に交信に必要な設備はこれだけです．

　そのほか，ローテーター（アンテナを回転させるモータ）はビーム・アンテナを使用している場合にあると便利です．また，ヘッドホンもオプションですが，これがあると夜間でも家族に迷惑をかけることなく運用でき，さらに弱い信号の受信も快適になります．

アンテナ編

　次にアンテナについて見てみましょう．住環境（一戸建てかマンションか）によって大きく異なりますが，ここでは一例を示します．

　写真2-2は平屋の一戸建ての屋上にルーフ・タワーを建ててアンテナを設置した例です．ルーフ・タワーを建てられる状況であれば，少し大きめのアンテナをこのような感じに設置できます．

　しかし実際，一戸建てでもルーフ・タワーを設

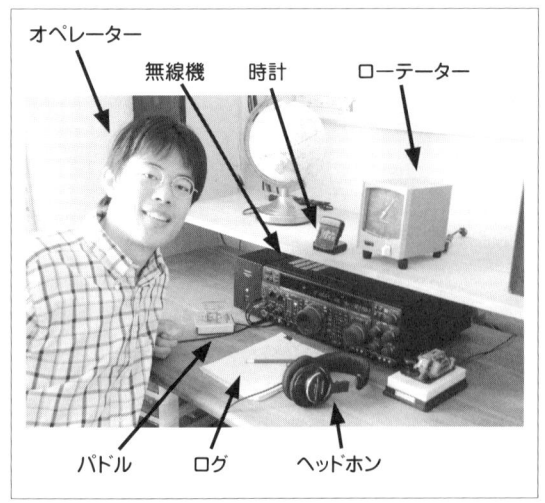

写真2-1　CW運用メインのシャックの例

第2章　HFの無線設備

置できる状況はそう多くないと思います．そのような場合は，マストとなる支柱を建てて水平系のアンテナ（ダイポール・アンテナ）を設置するか，支柱のいらない垂直系のアンテナ（バーチカル・アンテナ）を設置するのが現実的かと思います．

アパートやマンションにお住まいの場合，アンテナの設置はベランダを利用することになります．グラスファイバーの釣り竿を建物から突き出すように設置して銅線を這わせ，アンテナ・チューナで整合をとるロング・ワイヤ・アンテナが広く使われています．また，HF用のモービル・ホイップを設置している局もいます．アパマンでは，運用をしないときは釣り竿を収縮させておい

写真2-2　一戸建て，ルーフ・タワーにあげたアンテナの例

たり，モービル・ホイップをベランダ内に収納しておいたりするとよいでしょう．

 ## 2-2　自分だけのHF無線局を構築する

HF運用に必要なものは，HFトランシーバとHFのアンテナ，そしてこの二つを結ぶ同軸ケーブルです．これにマイクとパドルを用意すれば，いざオン・エア（ON AIR）できるわけです．

無線機編

では初めて無線機を選ぶ場合，何に気を付けて選べばよいのでしょうか．

HFの無線機には，シャックに据え置き型の「固定用」と持ち運びができるように考慮された「移動用」の2種類があります．どちらの場合でも100W，50W，10W機が用意されています．

近年発売されているHF無線機の多くは固定用が主流になっています．固定用はサイズ・重量が大きいぶん，つまみやダイヤルも大きく，操作性がよいため長時間の運用でも疲れません．一方，移動用はサイズに制限があるためボタンやつまみが少なく，さまざまな機能を使いこなすには複雑なボタン操作に熟練しなければなりません．

ただし固定用も移動用も無線機としての基本的な機能や性能はほとんど同じです．そのため，「デザイン」・「操作性」・「価格」に着目して選ぶのが良いと思います．

■ 無線機選びのポイント
① 出力は100Wが標準

出力は自分に許可された最大出力のものを購入するとよいでしょう．通信状態がよくないときや信号の弱い局となんとか交信したい場合，出力に余裕があると，いざというときに違います．HFでは100Wが標準的な出力だと考えておくとよいでしょう．

② CWを運用するなら，CWフィルタ＋
　フル・ブレークインは必須

CWを運用する場合，500Hz程度のCWフィルタ

写真2-3　初中級者向けの固定用HF無線機（各社）
電源内蔵型でない場合は，別途安定化電源を用意する

が必須です．メカニカル・フィルタか，最近の無線機であればDSP（Digital Signal Processor：デジタル信号処理）によるフィルタ，あるいはルーフィング・フィルタが装備されていますから，確認してみましょう．

また，CW運用の際，符号のスペース間でも受信が可能となるフル・ブレークイン機能がついているかも確認します．さらに，パドルを使ってCWを運用する際のキーイング・スピードやサイド・トーンの調整がしやすい無線機を選びましょう．特にキーイング・スピードは頻繁に変更するため，調整の容易な無線機が良いと思います．

③ デザイン，音質が気に入ったもの

長く使う無線機ですからデザインや音質にもこだわりましょう．この二つの要素はカタログだけではわからないので，実際に販売店などで確認するとよいと思います（写真2-3）．

■ 無線機選びの注意点
● 往年の名機は2台目に

初めてHFの無線機を購入する場合，古い中古の無線機は避けたほうが無難です．真空管式の無線機に憧れる方もいるかもしれませんが，まずは現在メーカーから供給されているモデルから選ぶ

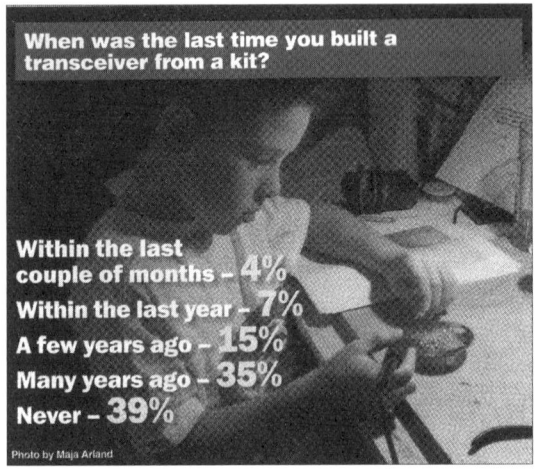

図2-1　QST誌（2011年6月号）に掲載された「あなたが最後に無線機を自作したのはいつですか」という問いに対する回答結果．25％程度のハムが3年以内と答えている．これを自作派ハムがまだまだ多いとみるか，それとも少ないとみるか

第2章　HFの無線設備

写真2-4　ハンドマイク(左)と卓上マイク(右)

のが吉です．メーカーから供給されている無線機は技術基準適合証明(通称…技適)機種とよばれ，付属装置の追加がなければ無線機に記載されている認証番号のみで直接総合通信局に免許申請が可能です．

● 自作無線機での運用

　無線機を自作することも可能です(**図2-1**)．現在でもHF無線機のキットが販売されており，多くはCW専用で出力が1W～5W程度，7MHzだけ運用可能といったようなシングルバンド・トランシーバですが，中にはHFすべての周波数帯とCW/SSB/RTTYなどのオールバンド，オールモードが運用できるトランシーバ・キットもあります．

　自作無線機の場合，技適ではないため保障認定(現在はTSSが取り扱い)を受けてからの免許発給となります．

付属品・周辺機器編

　無線機のほかにもSSB運用にはマイクが，CW運用には電鍵が必要です．これら付属品・周辺機器についても見てみましょう．

■ マイク

　通常の交信ではハンド・マイクで十分ですが，SSBを頻繁に長時間運用するようであればPTTロック機能のついた卓上マイクの導入も検討してみるとよいでしょう(**写真2-4**)．

　マイクにも無線用からオーディオ用までさまざまな種類があります．デザインや性能の気に入ったマイクを探すのも楽しいでしょう．

■ 電鍵(モールス・キー)

　電鍵は縦振り電鍵とパドルの2種類に大別されます(**写真2-5**)．モールス通信というと，どうしても縦振り電鍵をイメージしてしまいますが，縦振り電鍵は正しい打鍵方法を習得するのに時間がかかります．そのため，まずはパドルから入門し，その後，縦振り電鍵を追加していくのがお勧めです．実際にHFでCWを運用している局の信号を聞いてみると，8割程度の局がパドルによる運用です．

　電鍵はCWを運用する際にいつも使用するものですから，打ち心地が良く気に入ったデザインのものを選びましょう(p.22の**写真2-6**)．

■ ヘッドホン

　ヘッドホンがあると弱い信号を受信する際に重宝します．無線用も流通していますが，普通のオーディオ用ヘッドホンでかまいません．自分の聞きやすいヘッドホンを見つけてみてください(p.22の**写真2-7**)．

写真2-5　縦振り電鍵(左)とパドル(右)
まずはパドルから入門しよう

  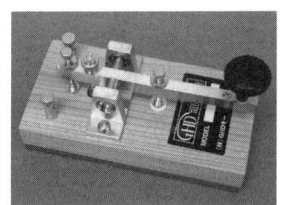 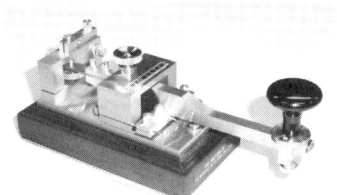
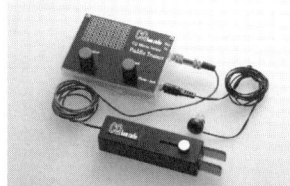 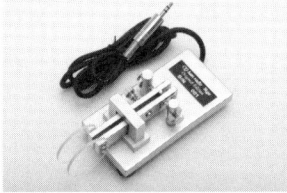  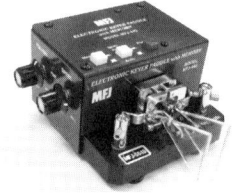

写真2-6 モールス・キーには星の数ほど種類がある．電鍵に魅せられて，モールス・キーのコレクションをする局も

写真2-7 ヘッドホンの例

アンテナ編

　無線機は一度購入するとおいそれと取り替えたりできません（と筆者は思っています）が，アンテナは初心者でも簡単に製作・加工できますから，後々変更することも容易です．

　そのため，最初からビーム・アンテナのような大きなアンテナを設置するのではなく，ダイポールやバーチカルのような簡単で基礎的なアンテナから入門されるのがお勧めです．特にダイポール・アンテナは，調整のしやすさとビーム・アンテナ製作への応用のしやすさからお勧めです．

■ アンテナ選びのポイント

① アンテナのサイズ（設置場所が確保できるか）

　いくら性能の良いアンテナでも設置できなければ意味がありません．逆に言えば，設置環境が許す限り「長く」・「大きな」アンテナを設置できれば最も良い性能が期待できます．

② 調整がしやすいか

　アンテナに調整作業はつきものです．このとき，あまりに複雑な構造のアンテナだと調整に難航してしまいます．なるべく構造がシンプルで調整が楽なダイポール系のアンテナを選択されるのをお勧めします．

　初めてアンテナを選ぶ際，できるだけ小型でたくさんのバンドに出ることのできるアンテナを選びたくなると思います．しかし，アンテナ選びの際心に留めておいていただきたいのは「便利なものほど性能が犠牲になる」という点です．つまり，小型でコンパクトなアンテナほど性能は低下し，調整も難しくなります．そのため，アンテナに関してはシンプルで設置環境が許す限り長く，大きなものがよいのです．

③ モノバンドかマルチバンドか

　アンテナには一つのバンドのみ運用できるモノ

第2章　HFの無線設備

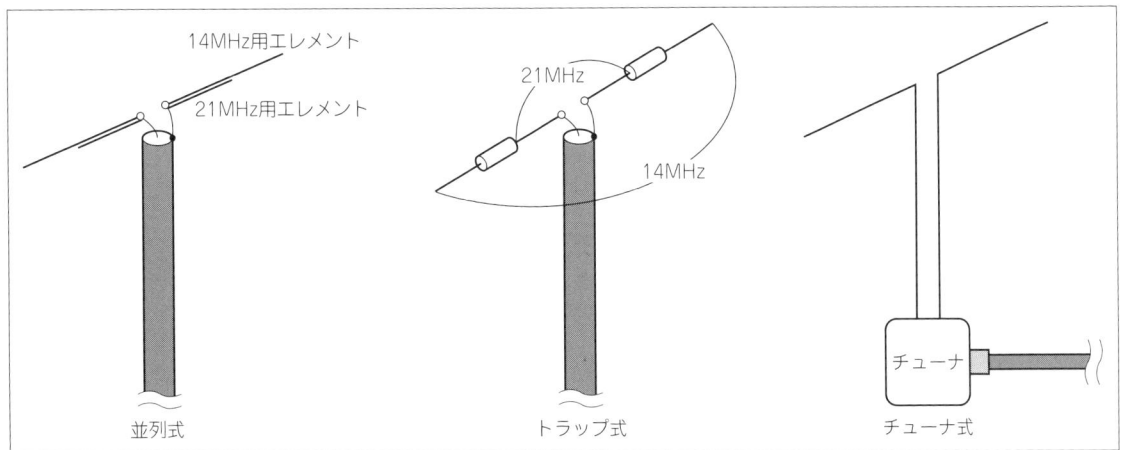

図2-2　マルチバンド・アンテナの例
アパマン・ハムはチューナ式を駆使してHFに出ている局が多い．マルチバンド・アンテナの欠点は調整の難しさとモノバンド・アンテナの性能にかなわないところ．そのぶん一つのアンテナで多くのバンドに出られる便利さがある

バンド・アンテナと，一つのアンテナで複数のバンドを運用できるマルチバンド・アンテナがあります（**図2-2**）．

性能はモノバンド・アンテナ，便利さはマルチ

コラム2-1　給電部にはバランを入れよう

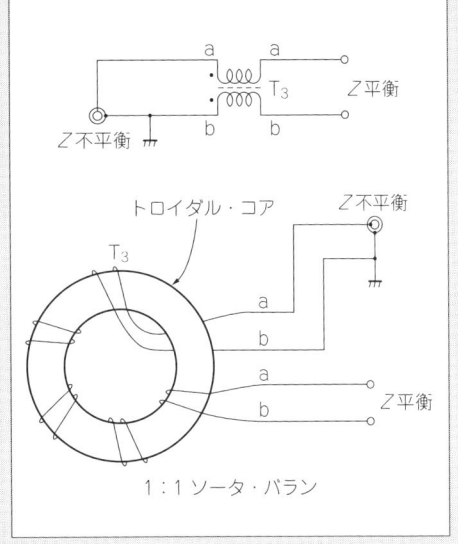

図2-A　ソータ・バランの例
パッと見難しそうに見えるがよく見てほしい．この図が表しているのはトロイダル・コアに同軸ケーブルを巻き付けただけのものである．このソータ・バランはダイポール・アンテナにはもちろん，バーチカル・アンテナ，八木・宇田アンテナなどたいていのアンテナに使える

　アンテナの給電部にはバランを入れましょう．バランとは平衡・不平衡の変換を行うもの（Balance-Unbalance）で，同軸ケーブルの網線側に電流が流れるのを防止する効果があります（RFチョーク）．そのためバランを入れることによってノイズやインターフェア（電波障害）の抑制につながります．

　平衡・不平衡とは簡単に言うと左右対称なものが平衡，左右非対称なものが不平衡です．たとえば，ダイポール・アンテナはその見た目から左右対称ですね．そのため平衡型アンテナです．一方同軸ケーブルはどうでしょうか．芯線と網線側が左右対称ではありません．これは不平衡です（ちなみに平衡型の給電線には，はしごフィーダがあります）．このような平衡型のダイポール・アンテナを不平衡型の同軸ケーブルで給電する際にバランが必須となります．バランを入れることで平衡・不平衡のミスマッチが解消され，アンテナが適切に動作します．

　バーチカル・アンテナは左右（というよりも上下）非対称ですから不平衡型アンテナです．そのため同軸ケーブルで給電する際に本来バランは必要ありませんが，RFチョーク（インターフェアの予防策）としてソータ・バラン（FT240などのトロイダル・コアに同軸ケーブルを10回程度巻きつけただけのもの）を入れることがあります．

　ソータ・バランは製作が容易で，かつどんなアンテナにでも使用できるため覚えておくとよいでしょう．これ一つでダイポール・アンテナ，バーチカル・アンテナの給電から八木・宇田アンテナのようなビーム・アンテナの給電までばっちりです．

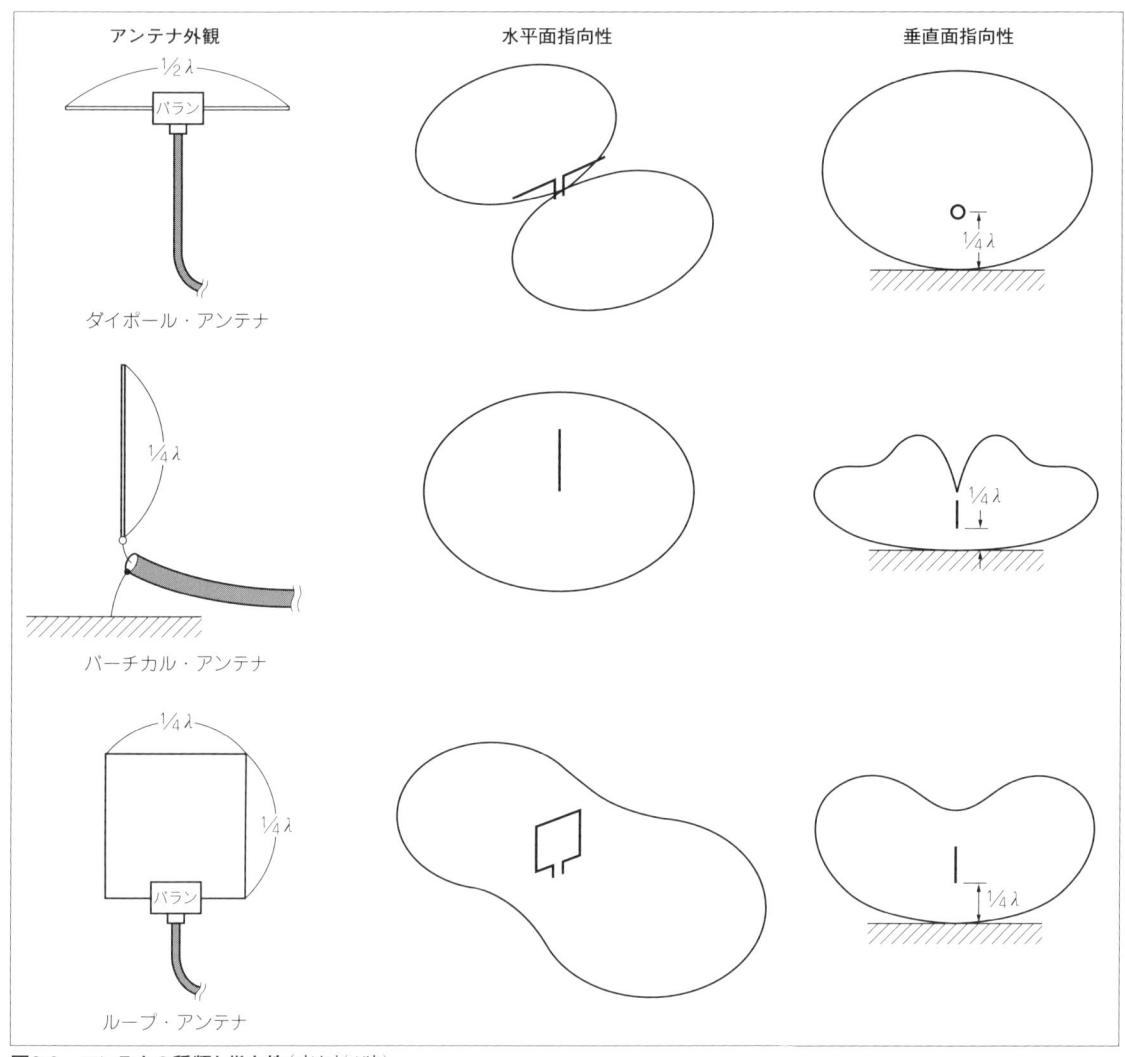

図2-3　アンテナの種類と指向性（高さ¼λ時）
指向性はどれも¼λ高のときのものだが，このように同じ高さに設置した場合でもアンテナによって指向性は大きく異なる

バンド・アンテナに軍配が上がります．筆者が入門したときは21MHz用のモノバンド・ダイポールを自作して運用しました．このアンテナと5W～50W程度の出力で世界各国と交信を楽しむことができましたが，その後ほかのバンドのようすが気になるようになり，18MHzや24MHz，28MHzのアンテナを追加製作しました．

　このような経緯もあり，せっかくHFを運用するのですから，まずはなるべくいろいろなバンドに出られるマルチバンド・アンテナから入門されるのをお勧めしたいと思います．たとえば，7MHz，14MHz，18MHz，21MHzのように多くの局が運用していて比較的いつでも交信が楽しめるバンドをカバーしているマルチバンド・アンテナを選ぶと間違いがないでしょう．運用を続けて行って，性能面で物足りなさを感じるようになっ

第2章　HFの無線設備

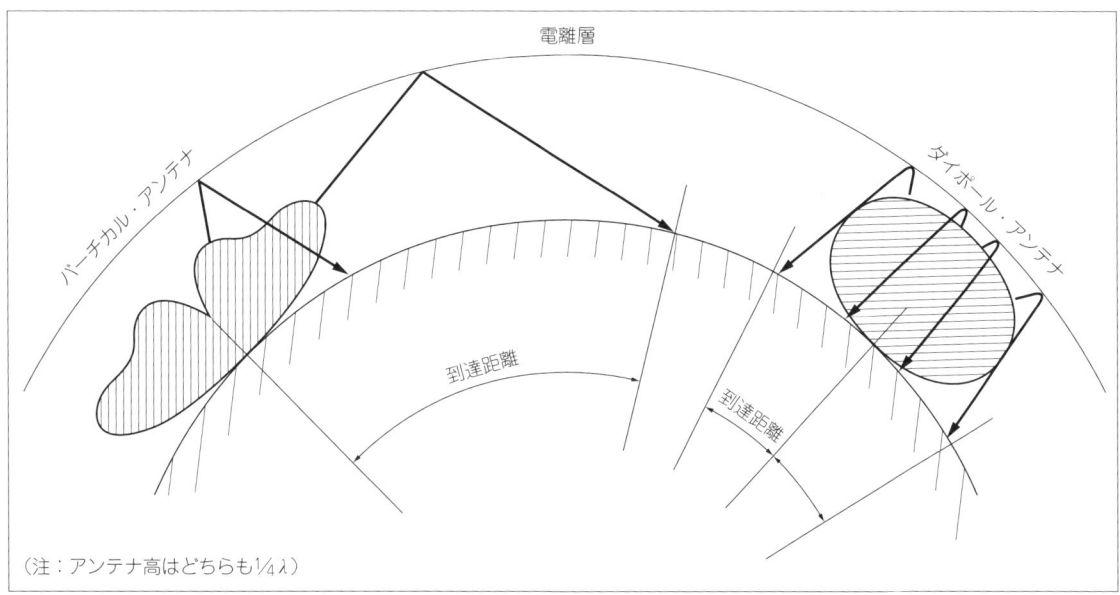

（注：アンテナ高はどちらも1/4λ）

図2-4　打ち上げ角とHF電波の到達距離

たらモノバンド・アンテナを追加していくと，いっそう運用が楽しめるのではないでしょうか．

■ **アンテナの種類と電波の放射**

　アンテナにはさまざまな種類がありますが，ここでは最もよく使われている基本的なアンテナ（ダイポール，バーチカル，ループ・アンテナ）をとりあげます．**図2-3**は左から順にアンテナの外観と水平面指向性・垂直面指向性を示しています．

　水平面指向性とはアンテナから出た電波がどの「方向」に向かって飛んでいくのかを示したものです．ダイポール・アンテナの水平面指向性は8の字型ですから，アンテナの正面と真後ろには信号が強く，アンテナの真横では信号が弱くなることがわかります．

　一方，垂直面指向性はアンテナから出た電波がどの「角度（仰角）」に向かって飛んでいくかを表します．この仰角のことを「打ち上げ角」とも言います．打ち上げ角はアンテナの種類やアンテナを設置する高さによって大きく変わりますが，図のダイポール・アンテナの例では1/4λの高さに設置したとき，真上（天頂）方向に向けて最も強く電波が飛んでいくことを示しています．

　さて，図を見るとダイポール・アンテナ，バーチカル・アンテナ，ループ・アンテナのおよその特徴がつかめます．たとえば，1/4λの高さにアンテナを設置した場合，バーチカル・アンテナの打ち上げ角が最も低くなります．ここで，HFの電波が電離層による反射を利用することを思い出してみましょう．打ち上げ角が低いということはそれだけ遠くの電離層に到達できることを意味しますから，遠距離と交信したい場合に適していることがわかります．またその逆に，近距離と交信したい場合は打ち上げ角の高いダイポール・アンテナを利用するとうまく交信できることがわかります（**図2-4**）．

　このようにアンテナの特徴と電波の飛び方を合わせて考えると，自分の運用スタイルに合ったアンテナを選ぶ際の参考になります．

■ ビーム・アンテナ

水平面のある方向だけに強く電波を送受信できるアンテナをビーム・アンテナと言います(**図2-5**). ダイポール・アンテナを横一列に並べたものが八木・宇田アンテナ,ループ・アンテナを並べたものがキュービカルクワッド・アンテナ(通称…C.Q.アンテナ)です. またマルチバンドに使えるビーム・アンテナとしてログペリオディック・アンテナ(通称…ログペリ)もあります. このほか,HB9CVやZLスペシャルなどビーム・アンテナには数多くの種類があります.

ビーム・アンテナの効果は,聞こえ始めと聞こえ終わり(フェード・アウト)の信号をよくとらえられるようになることです. もちろん信号強度もダイポール・アンテナなどと比較して強くなりますが,2〜3エレ程度のビーム・アンテナでは,ダイポール・アンテナで聞こえない信号が聞こえるというほど劇的な違いはあまりありません. しかし,海外交信などで弱い信号を相手にするときなどには,この少しの差が大きな違いを生みます. 一度は体験してみたいアンテナですね.

■ アンテナの調整

さて,どのようなアンテナを建てようか,見通しがついたでしょうか. メーカー製品のアンテナ,自作アンテナのどちらを選択しても,基本的に必ずアンテナの調整作業が必要になりますから,次にアン

コラム2-2　ダイポール・アンテナを張る方向

ダイポール・アンテナを固定して設置する場合,アンテナを張る方向も大切です. なぜならダイポール・アンテナの水平面パターンはゆるやかな8の字型をしており,アンテナ両サイドからの信号は弱くなるためです. 交信したい地域に向けて,アンテナを張りましょう.

たとえば国内交信であれば30°〜210°(北北東〜南南西)方向に張るとよいでしょう. そうすることで日本列島全域をカバーすることができます〔**図2-B(a)**〕. 海外交信の場合,45°〜225°(北東〜南西)方向に張ると北米,カリブ海,南米,東南アジア方面をカバーし,330°〜150°(北北西〜南南東)方向に張るとアジア,中近東,ヨーロッパ,アフリカ,オセアニアをカバーできます〔**図2-B(b)**〕.

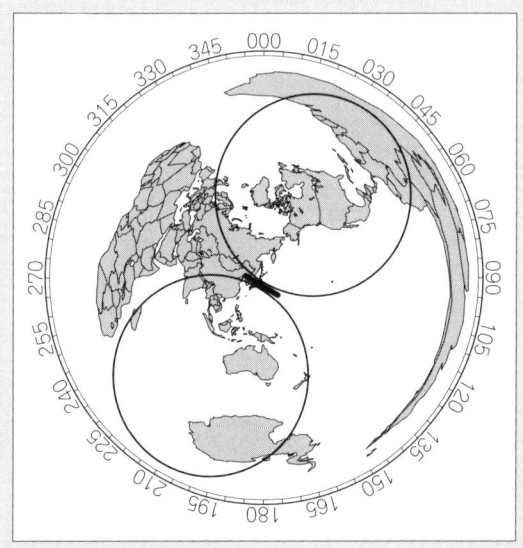

図2-B(a)　ダイポール・アンテナを北東〜南西に設置したときの指向性. 国内通信および北米,東南アジア向け

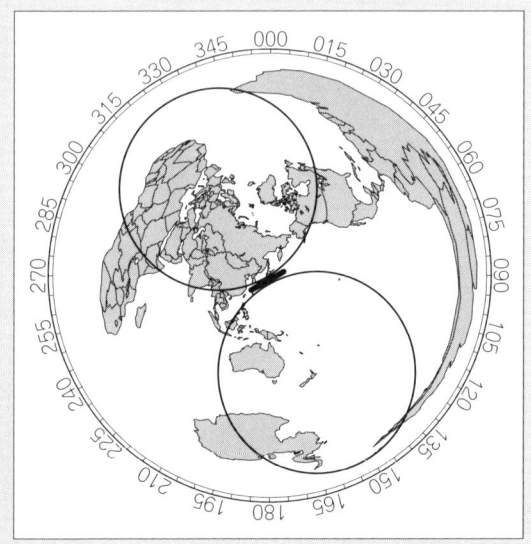

図2-B(b)　ダイポール・アンテナを北北西〜南南東に設置したときの指向性. アジア,アフリカ,ヨーロッパ,オセアニア向け

第2章　HFの無線設備

| 八木・宇田アンテナ | キュービカルクワッド・アンテナ | ログペリオディック・アンテナ |

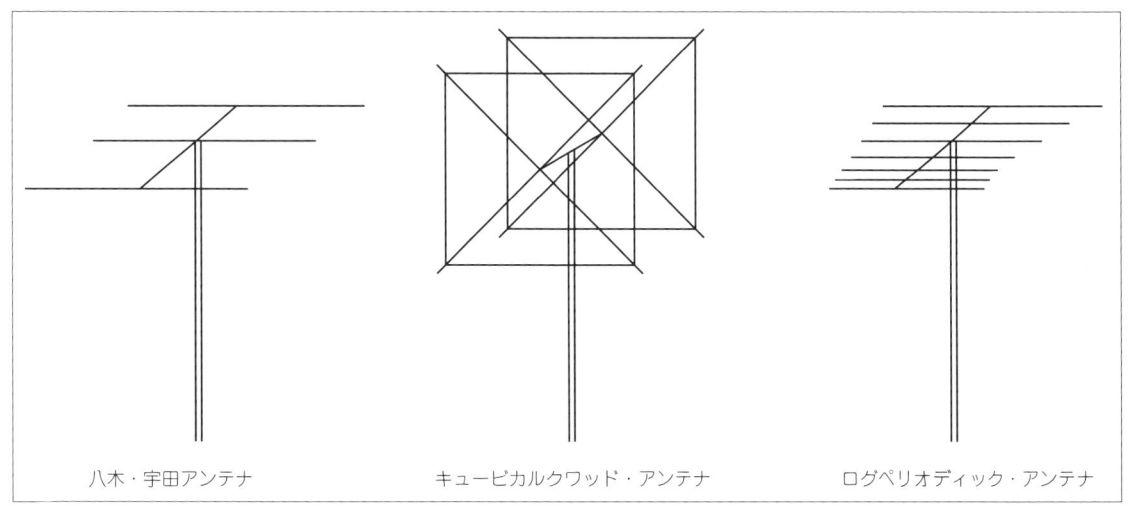

図2-5　代表的なビーム・アンテナ

テナの調整について簡単にご紹介します．

● *SWR*

　SWR（Standing Wave Ratio：定在波比）とは，アンテナを調整する際によく用いられる指標の一つです．*SWR* 1：1，あるいはSWRメータやアンテナ・アナライザの表示で*SWR* 1.0に近づくほどアンテナの整合がよく取れていることを示します．普通，アンテナの調整では，運用したい周波数付近で*SWR*が1.5以下になるようにします．*SWR*が高いと（3以上など），送信した際にアンテナから無線機へ多くの電力が戻ってくるため，そのまま運用を続けていると送信部の損傷につながります．

● *SWR*の測定

　*SWR*の測定はアンテナ・アナライザを用いてアンテナ直下で行います．アンテナ直下と無線機直前で測った*SWR*のどちらが正しいのかと言えば，アンテナ直下の値です．そのためアンテナを調整する際は，アンテナからなるべく最短の給電線を用いてアンテナ・アナライザに接続し，*SWR*を測定します．

● アンテナの調整方法

　アンテナの調整とは簡単に言ってしまえば，

コラム2-3　アンテナ・アナライザ

　アンテナ・アナライザは，*SWR*とインピーダンスの測定器です．アナライザから実際に微弱な電波を送信してアンテナからの反射電力を測定し，*SWR*に換算して表示します．アンテナの調整には欠かせない測定器ですから，これだけはぜひ一台常備されることをお勧めします．

　アンテナ・アナライザはアンテナの*SWR*，インピーダンスの測定だけでなく，バランの性能測定，同軸ケーブルの電気的長さの測定など，さまざまに応用できます．また，マルチバンド用アンテナのトラップ・コイルの製作などにも活用できます．

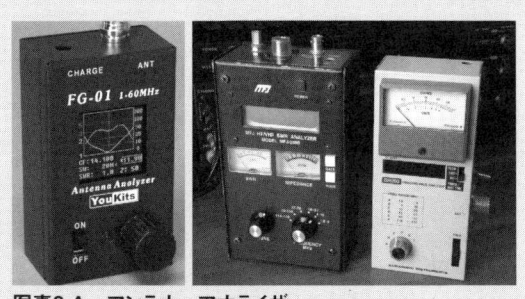

写真2-A　アンテナ・アナライザ

図2-6 アンテナ調整の実際(ダイポール・アンテナの例)

SWRを下げる作業だと考えてよいでしょう．本当は少し違うのですが，今はそのように考えておくことにしましょう．ではさっそく，調整の手順を見ていきましょう(**図2-6**)．ここではダイポール・アンテナを例にしています．

① アンテナを建てたら，最初にアンテナ・アナライザを用いて運用したい周波数付近のSWRを測定します(なるべく短めの同軸ケーブルを使う)．その際，一度でばっちりSWRが下がっているということはまずないと思ってください．

② 目的の周波数よりも低いところでSWRが最も小さくなる点がある場合，アンテナの長さを短くするように調整します(切り詰める)．

③ 目的の周波数よりも高いところでSWRが最小になる場合，アンテナの長さを長くするように調整します(ヒゲを足す)．

④ ②，③を繰り返してSWRの最少点を目的の周波数に追い込んでいきます．SWRが1.5以下とな

コラム2-4　ヘアピン・マッチ

ここでは最も簡単なインピーダンス・マッチングの方法，ヘアピン・マッチをご紹介します．

ヘアピン・マッチはダイポール・アンテナなどの給電部でよく使われ，本来左右別々のエレメントに接続されている同軸ケーブルの芯線と網線をヘアピン(銅線やアルミ線)によってショートさせるマッチング方法です．ヘアピン・マッチの調整はヘアピンの長さや形状を変えることで行います．とても簡単で効果が大きいのでアンテナの調整に困ったときは，ぜひ試してみてください．

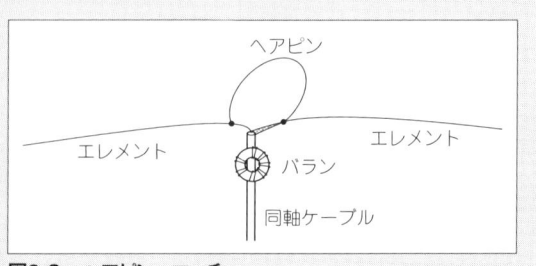

図2-C　ヘアピン・マッチ

第2章　HFの無線設備

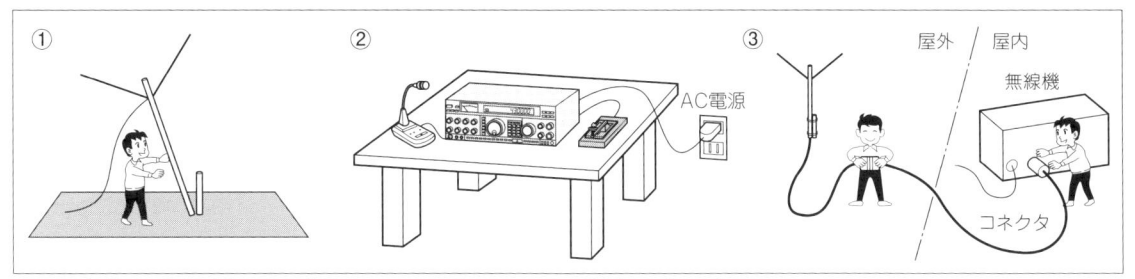

図2-7　無線局の設置手順．最も時間がかかるのが①のアンテナの設置・調整だろう

れば実用上問題ありませんから，調整完了です．さっそくアンテナを無線機に接続してバンドを開いてみましょう．

ただ，アンテナの調整を繰り返しても，SWRの最良点が2以下に下がらないこともあります．そのような場合，まずアンテナの設置環境（設置高・位置）を変えてみます．それでもSWRが下がらない場合は，ヘアピン・マッチ（**コラム2-4**）やガンマ・マッチなどのインピーダンス・マッチングを試してみます．

無線局を構築する

では，実際に初めてHFの無線局を設営することを想定して，何をどのように設営すればよいのかをご紹介します．基本的に無線局の設置は簡単で，無線機・アンテナを設置して，無線機を電源に接続，無線機とアンテナを給電線で接続するだけです（**図2-7**）．

① **アンテナの設置・調整**

アンテナを設置し，目的とする周波数に調整します．屋外作業になるため，天気や体調など安全には十分留意します．必要であれば手伝いを呼び，高所作業の場合は安全のためにヘルメットや安全帯を装着します．

② **無線機の設置**

無線機はなるべくしっかりとした机の上に設置します．必要に応じて棚などを用意します．無線機を設置し終えたら，マイクや電鍵などの周辺機器を接続して無線機の準備は完了です．

③ **同軸ケーブルでアンテナと無線機を接続する**

アンテナの調整が済んでいることを確認してアンテナと無線機を接続します．

以上で無線局の設置は完了です．調整が必要なのはアンテナのみで，それ以外は問題なく設置を進めることができると思います．さっそく無線機の電源を入れ，運用バンドとモードを設定してHFの交信を受信してみましょう．

無線局を開局する ― 無線局免許状の取得

無線局の用意ができたら，いよいよHFの運用を開始したくなりますね．しかし，その前に無線局の免許状（通称…局免）を取得・変更しましょう．

メーカー製の無線機のみで開局する場合，無線機の背面に張られたシールに記載されている技術基準適合証明の認証番号のみで直接最寄りの総合通信局あてに局免の申請ができます．技適機種ではない無線機の場合には，保証認定を受けるためTSS宛に書類を提出後，最寄りの総合通信局から免許状が郵送されてきます．

局免の申請には書面申請と電子申請があり，書面申請は書類を総合通信局に持参または郵送します．一方の電子申請はインターネット上で手続き

を行います(図2-8). 申請料は電子申請のほうが安く, たとえば50W以下のアマチュア無線局を新規に開設する際は, 書面申請で4,300円, 電子申請で2,900円となっています(2013年3月現在).

すでにアマチュア局の免許をお持ちで新たにHFの無線機を増設して免許を受けたい場合は, 変更申請を行います. こちらも技適機種であれば直接最寄りの総合通信局へ直接申請することができます. この場合, 変更申請の手数料は書面申請・電子申請ともに無料です.

最後に, もし以前アマチュア無線局のコールサインをお持ちで, 現在失効している場合, 以前使用していた旧コールサインを希望することができます. 旧コールサインがほかの人に再割り当てされていない限り, 以前保有していたコールサインを取得できるようになっています.

アマチュア無線局の免許申請手続きについては, 関東総合通信局のホームページでわかりやすく解説されています. また, 詳細に関しては最寄りの総合通信局に相談しましょう.

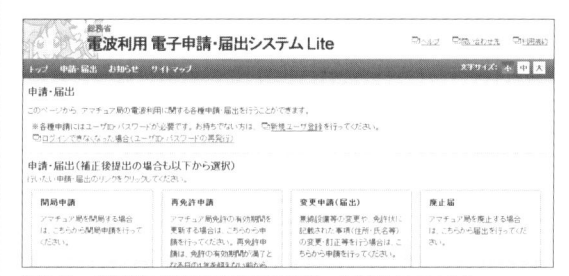

図2-8 総務省 電波利用電子申請・届出システムLite
インターネット上でアマチュアの局免の申請ができる. 申請料も電子申請のほうが安い

コラム2-5 同軸ケーブルを室内に引き込む方法

初めて無線局を設置する際, どのようにして屋外のアンテナから室内へ同軸ケーブルを引き込むかがちょっとした問題になると思います. 最も多いと思われるのは換気口を通す方法です. 換気口を利用する場合, いったん換気口を取り外して同軸ケーブルを通すのが遠回りのようで早道かと思います. この際, 多少の加工が必要な場合があります. また, 換気口の外では同軸ケーブルをU字型になるように引き込むと雨水が室内に入り込みません(図2-D).

マンションでは換気口を利用するほか, 1.5Dの同軸ケーブルや隙間ケーブルと呼ばれる既製品を用いて窓のサッシ部分に挟み込んでしまう方法があります(図2-E). いずれの場合もケーブルを挟み込んだ状態で窓が閉まるか, 鍵がかかるかを確認します. 安全第一です. また, 細い同軸ケーブルは断線しやすいので窓の開け閉めは丁寧に行う必要があります.

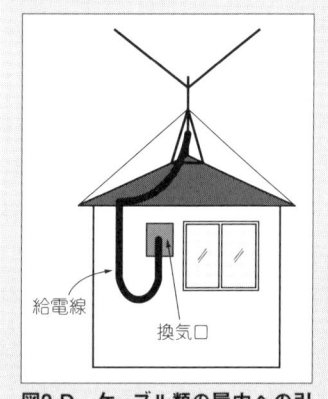

図2-D ケーブル類の屋内への引き込み
取り込み口手前でU字型になるようにすると雨水の浸入を防ぐことができる

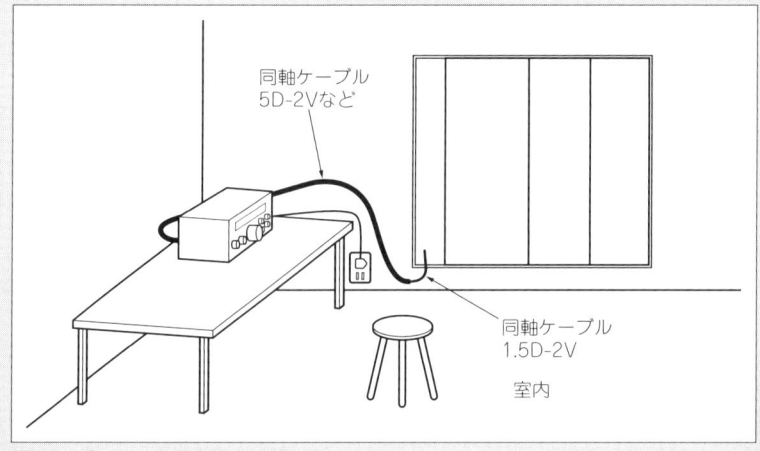

図2-E 窓サッシを通す場合の例
その部分だけ細い同軸ケーブルを使用するのも一手

2-3　実際どれくらい交信できるのか ― モデルケースの紹介

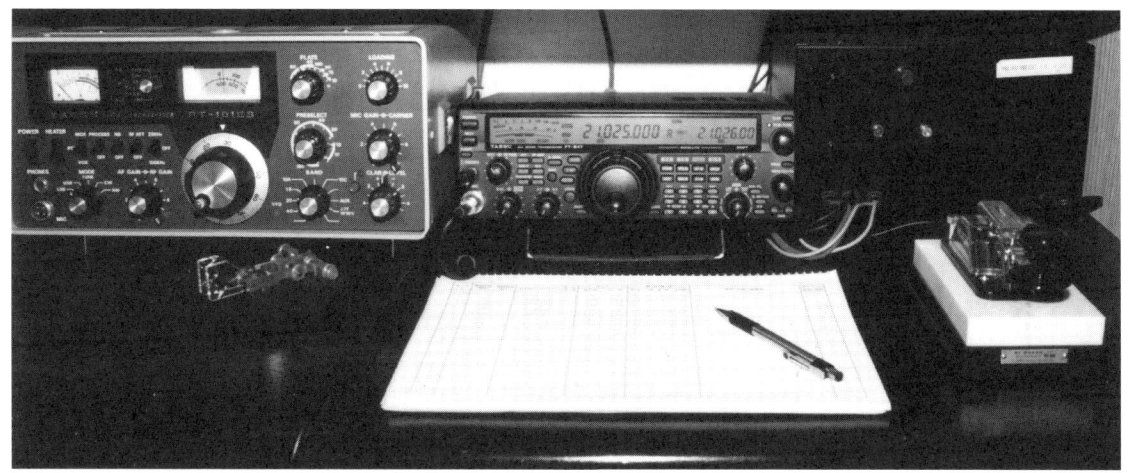

写真2-8　筆者がHFに入門した際のシャック(50W運用)
筆者にとってはこの無線機がまさに「世界への窓」だった

50W運用の結果

　さて，無線局も設置できたところで実際の運用を始めてみましょう．

　とは言っても，やっぱり気になるのはどれくらい交信できるのかということですよね．無線機のスイッチを入れたはいいけど，これが普通なのか，どんな世界が待っているのか最初はつかみづらいと思います．

　ここでは筆者がHFに入門した際の交信データをもとに，50W出力による運用でどれくらい交信できるものなのかをご紹介します．

- 無線機
  FT-847M(出力50W)（**写真2-8**）
- アンテナ
  7MHz…短縮ダイポール・アンテナ(10m高)
  21〜28MHz…2エレ・キュービカルクワッド
  (10m高)（**写真2-9**）
- 同軸ケーブル
  5D-2V(20m長)
- 運用期間
  2002年1月〜2004年3月までの2年間
- 運用モード
  CW…80%　SSB…20%
- 運用場所
  北海道札幌市

写真2-9　アンテナ外観(21〜28MHz用自作2エレ・キュービカルクワッド)

■ 国内交信

7MHzでは7（東北），0（信越），1（関東），2（東海）の比較的近場と日中を中心に交信が可能で，夕方には3エリア（関西）まで交信可能になりました（北海道からの運用です）．対して4（中国），5（四国），6（九州），JR6（沖縄）とは21MHz以上のHFハイバンドのほうが安定して交信できました．このことから，半径1500km程度の近場までは7MHz，1500～2000kmの国内遠距離とは21MHz以上のバンドが使いやすいことがわかります．

国内交信には50W出力は十分すぎるほどで，強い局を呼ぶときには10W程度まで落として交信したこともありました．このように国内交信はシンプルな無線設備で全く問題なく楽しめます．

■ 海外交信

海外交信では，HFハイバンドをメインとした2年間の運用で世界全大陸（北米，南米，ヨーロッパ，アフリカ，アジア，オセアニア，南極）から152か国と交信することができました．また，アメリカのアマチュア無線連盟であるARRLは世界の国・地域・島・岩礁を独自の基準で340のエンティティー（2013年3月現在）として認定・区分していますが，そのエンティティー数でいうと186エンティティーと交信したことになります（**図2-9**）．

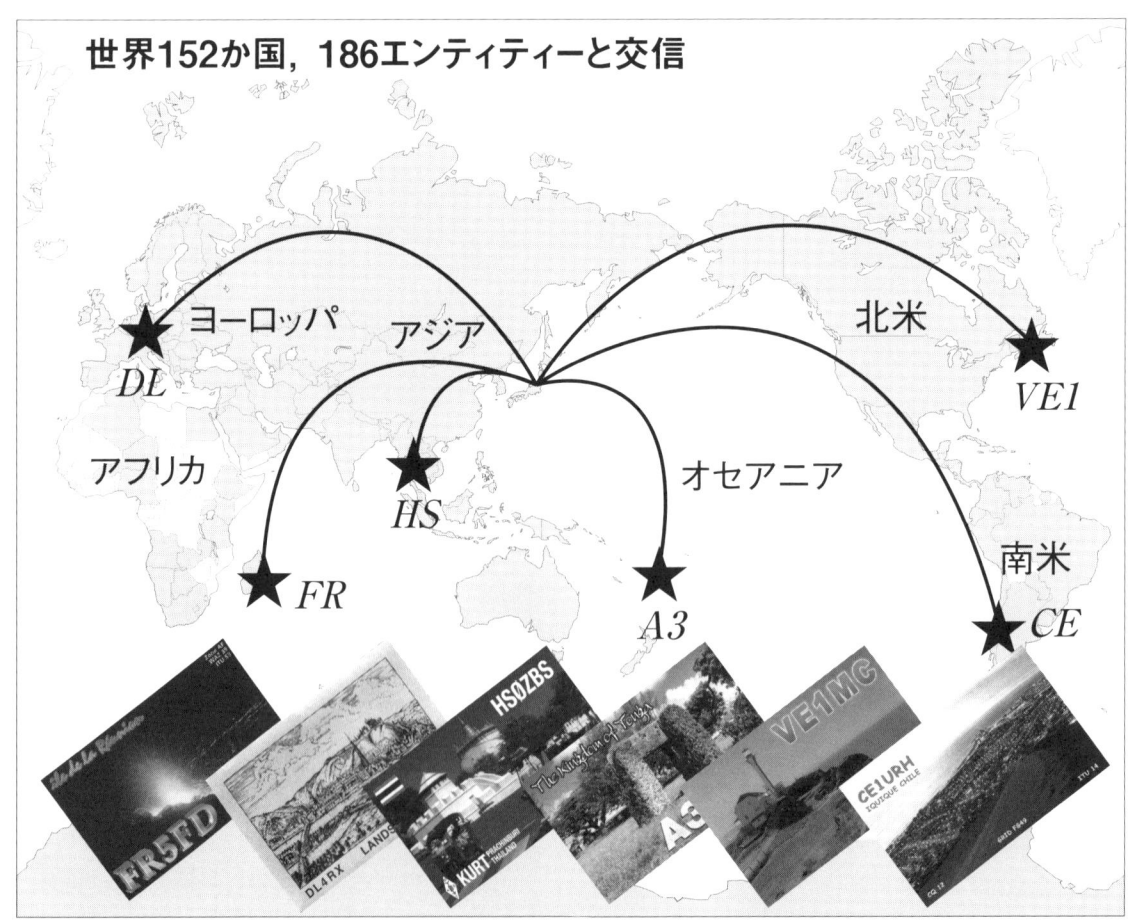

図2-9 地図中で色の付いているところが50W運用で交信できた国々

第2章　HFの無線設備

■ 50W運用の実際　～運用してみての感想～

50Wで実際に運用した感想ですが，まず，日本国内との交信で不自由を感じたことはありませんでした．HFローバンド，ハイバンドを問わず，日本国内とは聞こえていれば交信することができました．

つぎに海外交信では，いくつか力不足の場面がありました．カリブ海方面とアフリカ方面との交信です．特にたくさんの局が呼んでいる状態（パイルアップ）になると，競争には勝てませんでした．しかし，HFハイバンドでコンディションの良いときにCQを出すと，50W運用でも北米・ヨーロッパからたくさん呼ばれ，ずいぶんと楽しい思いができました．そしてなんとアフリカの局やカリブ海の局のほうから呼んでくれたこともありました．自分からCQを出してみると，ただダイヤルを回して受信しているのとはまた違った世界が切り開けます．その際，ローパワーの味方になってくれるのがHFハイバンドでしょう．

以上のことからパイルアップでは力不足をいなめない50W運用ですが，HFハイバンドを中心にした運用でアンテナをしっかり整備すれば十分に海外交信を楽しめるといえます．

■ 50W運用で手に入れた世界6大陸からのQSLカード（図2-9下）

50W運用で交信した世界152か国の中から，各大陸1局ずつご登場いただきましょう．これらの交信はすべて21MHzで行ったもので，どの局も信号は強く，HFの電波はこれほど簡単に飛んでいくものなのか，と感心した記憶があります．アジア，オセアニア，北米は交信が簡単で，次いでヨーロッパ，南米，アフリカの順に交信が難しくなりますが，のんびりと構えていればおのずと世界6大陸からの信号を捉えることができます．

コラム2-6　HFで思うように飛ばなかったら

HFに入門して最初に困るのが，なかなか飛ばない，といった場面ではないでしょうか．たとえばCQを出している局を呼んでも応答がなかったり，呼び合い（パイルアップ）になると負けてしまったりという場面です．これは筆者も散々経験してきています．

このような場合，むやみに出力の増強に走るのは得策ではありません．HFの交信を成立させるかどうかは，主に次の3つの要因が関わっており，この順番で優先度が高いものと考えてよいでしょう．

1. 電離層の状態
2. アンテナ
3. 出力

最も重要なのはいわゆるコンディション，つまり電離層の状態です．今日呼んでも交信できなかった局とは明日交信できるかもしれません．電離層の状態は劇的ともいうほどに毎日変化しています．この変化に少し期待してみましょう．

次に重要なのはアンテナです．実質，私たちが改善できるもので一番優先度が高いのがアンテナと言えます．実際に運用してみるとわかることですが，相手局が強く聞こえているほどこちらの電波も強く届きます．つまり，アンテナを改良して受信が改善されると，こちらから届く電波の強さも強くなります．送受信ともによくなるわけです．筆者を含め多くのHF愛好家が日々アンテナの改良に取り組むのもここに理由があります．

最後に出力です．HFではサンスポット・サイクルのピーク期を除いて，100W以上の出力が標準的に必要とされます．上級資格を取得して出力を増強するのも一手です．ただし，出力を大きくしても，こちらからの電波が強くなるだけで，相手局の信号が強くなるわけではないことを肝に銘じておきましょう．電離層やアンテナを前に，出力が右に出ることはありません．

図2-F　HF交信の鍵を握るのは電離層である

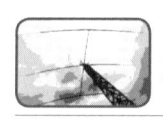

2-4　HF運用を補助するもの

さてここでは，無線設備のほかにHF運用を補助するものをご紹介しましょう．

大圏地図

普段，最も目にする地図はメルカトル図法による地図でしょう．これは北極と南極の両極付近を除いて，各大陸の面積がおおむね正確に示されるように表された地図です．面積は正確ですが，2地点間の距離や方位は正確ではありません．

これに対して，アマチュア無線の海外交信でよく利用されるのが大圏地図（**図2-10，巻頭口絵Ⅷ**）です．大圏地図は面積が不正確となりますが，中心地点からの距離と方位が正確に示される図で，正距方位図法とも呼ばれます．

大圏地図が利用される理由は，多くの場合，電波の伝搬経路がこの地図上の経路（大圏コース）に沿っているためです．特に指向性アンテナを使用しているとき，どの方位にアンテナを向けたらよいかを考える参考になります．

たとえば北米と交信したい場合，大圏地図を見て北東にアンテナを向ければよいことがわかります．また大圏地図を見ると，北米との交信では電波が極東ロシアのカムチャッカ半島やアリューシャン列島をかすめて太平洋を伝搬していくようすが理解できます．

さらに，中心点からの距離がひと目でわかるため，相手局との距離を知るのにも便利です．

ログ（Log-book）

ログとは無線業務日誌のことで，交信した年月日，時間，相手のコールサイン，周波数，電波型式，RSTレポートなどを記入するものです．

ログは交信が成立したときだけではなく，自局が電波を発射（CQを出す，試験電波を発射するなど）したときにも記録します．あとで受信報告証（SWLカード）が送られてくる場合もあるからです．また，交信記録のみではなく受信記録も積み重ねていくと，電波伝搬の傾向を知るよい手がかりになります．ログは無線運用の成果ともいえるべき自分だけのデータです．積極的に記録・活用

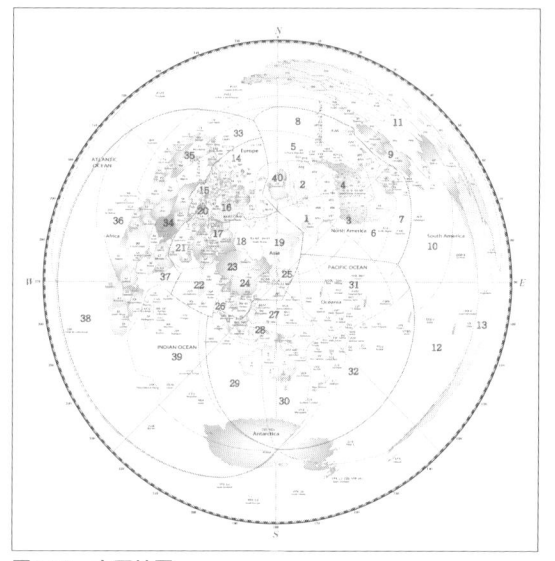

図2-10　大圏地図

写真2-10　手書きログの一例

しましょう．

現在ではコンピュータによるロギングが主流ですが，手書きによるログ管理（**写真2-10**）も現役です．

■ **コンピュータによるロギング**

コンピュータ・ロギングは，フリーで頒布されているロギング・ソフトウェアをコンピュータにインストールして使用します．コンピュータ・ロギングの良いところは，いま交信している局が過去に交信したことがあるのか，あるのであればいつどのバンドで交信したのか，といった履歴を瞬時に表示できることです．このほかにも地図表示機能，アワード申請用の集計機能もあります．また，コンテストを運用する際には，重複交信の表示や得点の計算などもできます．多くのロギング・ソフトではQSLカードの印刷までできるため，現在では多くの局がコンピュータ・ロギングを使用しています．ただ，コンピュータ・ロギングを用いる場合は，必ず適宜ログ・データのバックアップをとることが大切です．

国内交信では"Turbo HAMLOG"（通称…ハムログ）が，海外交信では"Logger32"などがよく使われます（**図2-11**）．

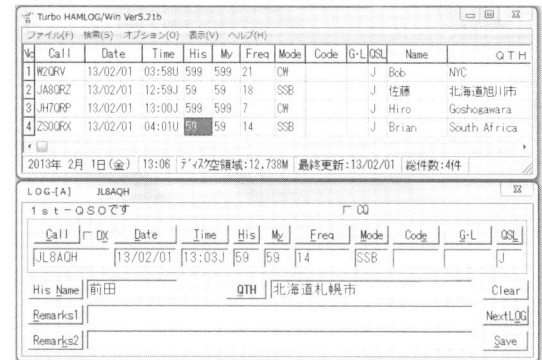

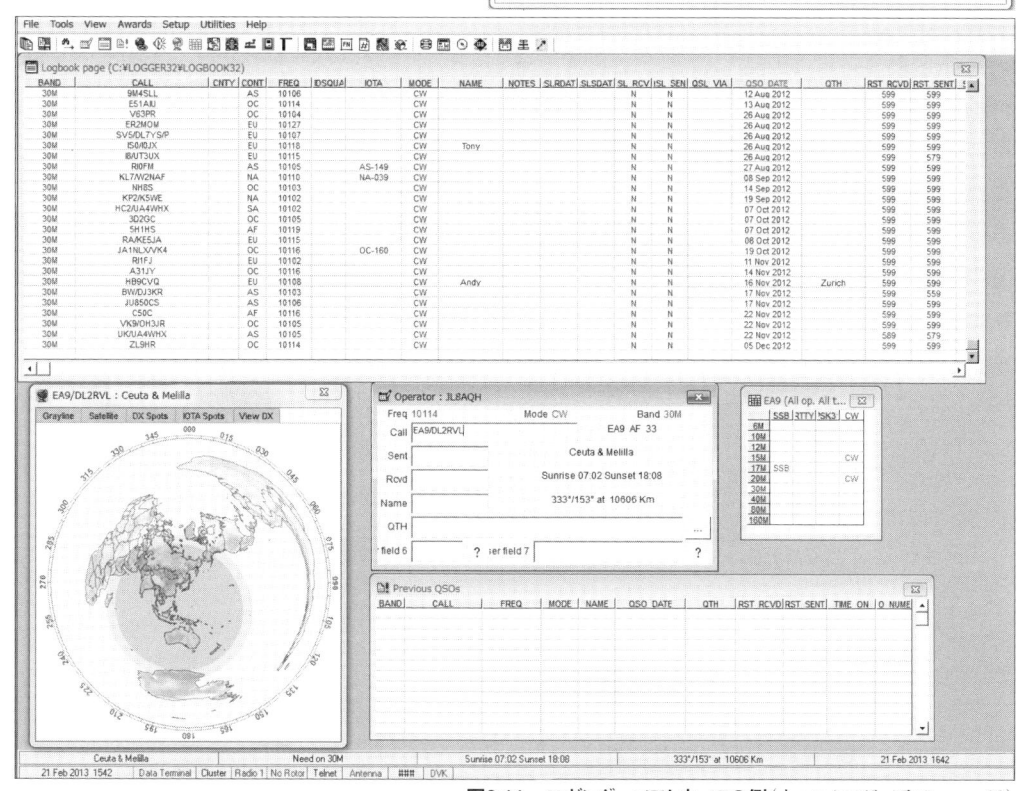

図2-11　ロギング・ソフトウェアの例（上：ハムログ，下：Logger32）

第3章

HFバンドの特徴と使い方
～HFバンドを使いこなす～

HFは単に"HF"という一言でひとまとめにして語ることはできません．アマチュア無線に割り当てられた九つのHFバンドはそれぞれの顔をもち，それぞれの楽しみ方があるためです．本章では，各バンドの特徴と使い方を見ていきます．

3-1 アマチュアHFバンド

　HFのアマチュアバンド(**図3-1**)は，ほぼ3～4MHzおきに割り当てられています．これは電離層の状態が変化しても，バンドを切り替えることによって，最適な通信状態を確保できるようにするためです．そのため，バンドを適切に選んで運用することで，国内・海外問わず任意の場所と一日中，あるいは一日に何度も交信の機会があります．もちろん，交信相手の場所を限定しなければ，一日中どこかと交信することができます．

　実際の運用では今日はどこが聞こえるかなぁ，と無線機のバンド・スイッチを切り替えて聞き比べ，たくさんの局が聞こえているバンドで運用することが多いでしょう．しかしそれでも，それぞれのバンドは一つひとつ異なる特徴を持っているため，やみくもに運用するよりもその特徴を知ったうえで運用すると，さらに楽しみが広がると思います．そこで本章では各バンドの特徴と使い方についてご紹介していきます．

	ローバンド(Low Band) ⇐			⇒ ハイバンド(High Band)			
トラディショナル・バンド	1.8/1.9	3.5/3.8	7		14	21	28
WARCバンド				10		18	24

〔MHz〕

図3-1　アマチュア無線に割り当てられたHFバンド
古くからアマチュア無線に割り当てられてきたトラディショナル・バンド(伝統的バンド)と，1980年代以降に新たに割り当てられたWARCバンド(10/18/24MHz)がある．1.8MHz～10MHzはローバンド，14MHz～28MHzはハイバンドと呼ばれる

第3章　HFバンドの特徴と使い方

1.8/1.9MHz帯（160mバンド）
長大なアンテナに激しいノイズ，1.8/1.9MHzは運用に至るまでも運用してからもいくつもの困難があります．しかし，それらを乗り越えて交信にこぎつけたときの感動はたまりません．難しいからこそ挑戦したくなる，そんなバンドです．

7MHz帯（40mバンド）
年中大にぎわいの7MHz．HF初心者でも日本国内はもちろん世界中と交信が楽しめます．とにかくどこかと交信したかったらこのバンドを聞いてみましょう．

14MHz帯（20mバンド）
HFの真ん中に位置するバンドのため，一年を通し国内交信・海外交信ともに安定しています．

21MHz帯（15mバンド）
入門に最適なHFバンドです．バンド幅が広くゆったりしていますが，コンテストのときには大にぎわいです．小電力でもよく飛んでいきます．

28MHz帯（10mバンド）
サンスポット・サイクルのピークで最も輝くバンドです．小型のアンテナと小電力で世界中と交信が可能ですが，黒点数が100を切ると途端にバンドが静かになります．

| 1.8/1.9 | 3.5/3.8 | 7 | 10 | 14 | 18 | 21 | 24 | 28 |

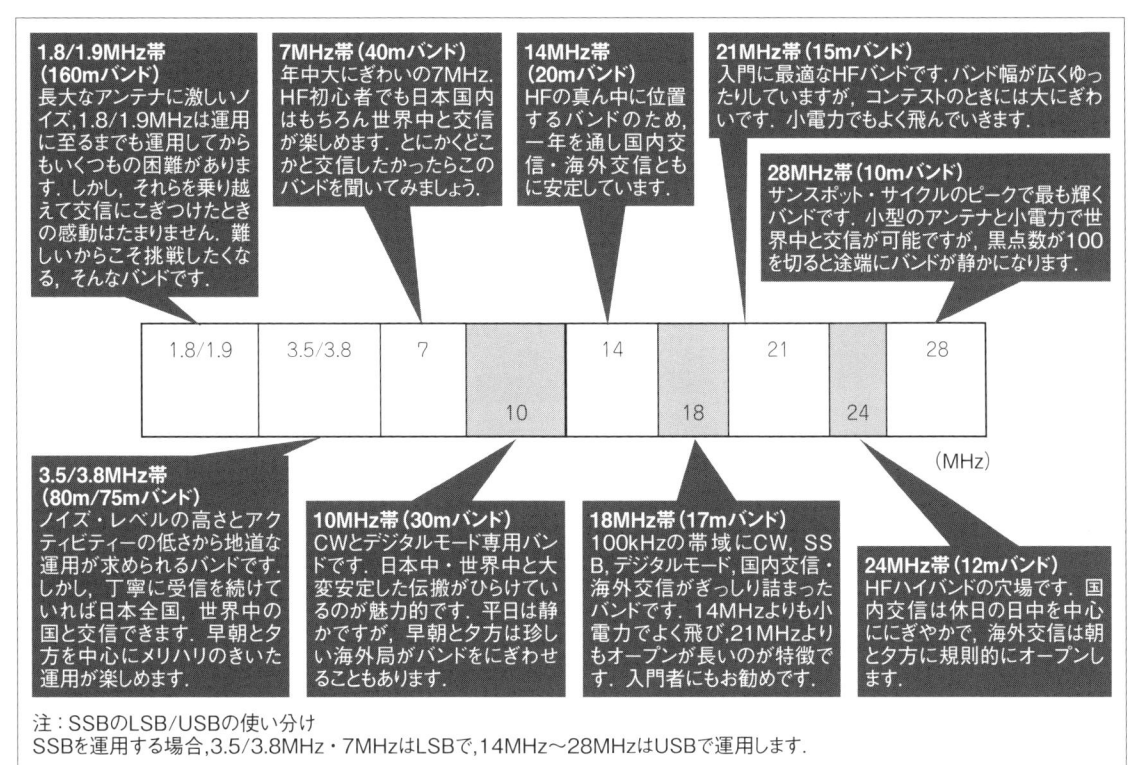

(MHz)

3.5/3.8MHz帯（80m/75mバンド）
ノイズ・レベルの高さとアクティビティーの低さから地道な運用が求められるバンドです．しかし，丁寧に受信を続けていれば日本全国，世界中の国と交信できます．早朝と夕方を中心にメリハリのきいた運用が楽しめます．

10MHz帯（30mバンド）
CWとデジタルモード専用バンド．日本中・世界中と大変安定した伝搬がひらけているのが魅力的です．平日は静かですが，早朝と夕方は珍しい海外局がバンドをにぎわせることもあります．

18MHz帯（17mバンド）
100kHzの帯域にCW，SSB，デジタルモード，国内交信・海外交信がぎっしり詰まったバンドです．14MHzよりも小電力でよく飛び，21MHzよりもオープンが長いのが特徴です．入門者にもお勧めです．

24MHz帯（12mバンド）
HFハイバンドの穴場です．国内交信は休日の日中を中心ににぎやかで，海外交信は朝と夕方に規則的にオープンします．

注：SSBのLSB/USBの使い分け
SSBを運用する場合，3.5/3.8MHz・7MHzはLSBで，14MHz～28MHzはUSBで運用します．

図3-2　HFバンドの一言紹介
九つのHFバンドは九つの色を持っている．さまざまなバンドを運用してみて，自分にとってお気に入りのバンドを見つけるのも楽しみだろう

■ バンドの一言紹介

　図3-2にHFバンドの一言紹介を示します．アンテナの大きさや運用の手軽さという視点からいうと，HFハイバンドが入門にお勧めです．特に18MHz以上の周波数は，太陽活動に左右されるものの，50W程度の出力とシンプルなアンテナでも日中を中心に国内外との交信を楽しむことができます．

コラム3-1　バンド選びに迷ったら

● 国内交信か海外交信か

　まず，国内交信と海外交信，どちらに比重を置くでしょうか．国内交信であれば7MHzを，海外交信であれば14MHz，18MHz，21MHzの中から，お手持ちの従事者免許で運用可能な最も低い周波数帯（バンド）を選んでください．これらのバンドであればCW，SSBどちらのモードであっても交信が楽しめます．

　また，国内交信も海外交信も楽しみたい場合は7MHzと14MHz，7MHzと18MHz，7MHzと21MHzなどの組み合わせが良いと思います．

● CWに入門したい場合

　モールス通信に入門したいという方は，7MHzの7025kHz付近でゆっくりとしたキーイング・スピードで行われている定型文（ラバー・スタンプ）交信に耳を傾けてみてください．7MHzはノイズ・レベルが高いため，雑音が気になる場合は18MHzの18090kHz付近，21MHzの21130～21150kHzで行われている国内交信を参考にされるのも良いかと思います．これらのバンドでは，7MHzと比較すると局数は少ないものの，ゆっくりとCQを打つ局が聞こえてくるでしょう．

3-2　バンドごとの特徴と使い方

1.8/1.9MHz帯（160mバンド）

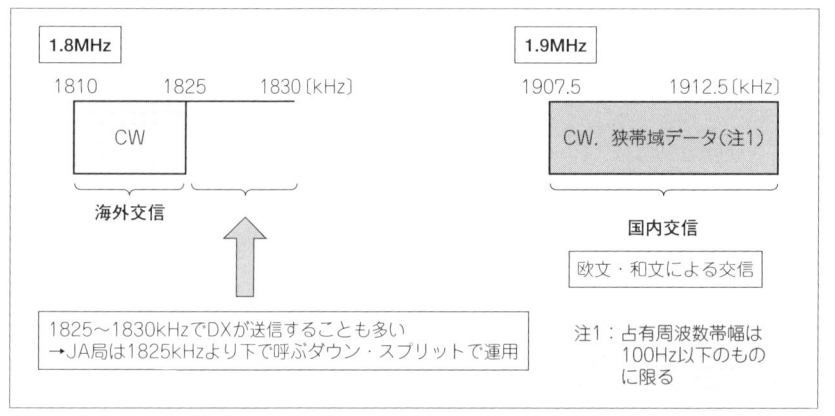

図3-3　1.8/1.9MHz帯のバンドプラン

（図中）
- 1.8MHz：1810　1825　1830〔kHz〕　CW　海外交信
- 1825～1830kHzでDXが送信することも多い → JA局は1825kHzより下で呼ぶダウン・スプリットで運用
- 1.9MHz：1907.5　1912.5〔kHz〕　CW，狭帯域データ（注1）　国内交信　欧文・和文による交信
- 注1：占有周波数帯幅は100Hz以下のものに限る

1.8/1.9MHz（**図3-3**）はトップバンド（Top Band）と呼ばれ，日本では3アマ以上の資格で運用が許可されます．このバンドは帯域が狭いため，オフバンド[※1]に注意が必要です．

■ バンドプランと実際の運用状況

1.8/1.9MHz帯は，1810～1825kHzまでの1.8MHz帯と1907.5～1912.5kHzまでの1.9MHz帯の二つに分かれており，1.8MHz帯は海外交信向け，1.9MHzは国内交信向けというように交信目的によってはっきりと住み分けがされています．1.8MHzは海外交信向けのため欧文モールスによる交信が主ですが，1.9MHzの国内交信では欧文モールスに加えて和文モールスによる交信も行われています．

国内交信（旬：通年・夜）

■ いつ，どこを聞けば交信できる？

国内交信には1.9MHzが使われます．1907.5～19 12.5kHzのわずか5kHzしかありませんが，1910kHz付近を中心に国内交信が行われています．日中は地上波による100km程度の近距離との交信が主で，夜間はE層反射による1000km以上の国内交信が可能です．

一年を通して日の入り後の夜間に受信してみるとよいでしょう．休日には50Wほどの出力で運用する移動局も聞こえ，相手局が聞こえれば交信は難しくありません．

■ 設備

100W程度の出力とロング・ワイヤ・アンテナで楽しむことができるでしょう．

■ 目標

1.9MHzの国内交信では，まず日本国内の全エリアとの交信を目標にするとおもしろいでしょう．その次は全都道府県との交信がよい目標になります．

海外交信（旬：冬の夜）

■ いつ，どこを聞けば交信できる？

海外交信には1.8MHzが使われ，1820～1825kHzのバンド上端付近で交信が盛んです．また，1.8MHzは国・地域によってバンドプランが異なるため，日本ではバンド外となる1825～1830kHzで

（※1）割り当てられたバンドプランを逸脱すること．たとえば，1826kHzで送信すること．

第3章　HFバンドの特徴と使い方

海外のアマチュア局が入感することも多くあります．その場合，日本の局は1825kHzより上を受信し，1825kHzより下で送信するダウン・スプリットで運用して交信を行います．海外局が「JA QSX 1824」（日本の局は1824kHzで送信せよ）などと打っているときはダウン・スプリット（※2）による運用です．

1.8MHzでの海外交信は秋から翌春にかけての冬季がベスト・シーズンです（**写真3-1**）．特に日の出・日の入りの時刻には瞬間的に双方の信号強度が強くなります（**図3-4**）．北米方面は日本時間の日の入り時刻から夜にかけて，ヨーロッパ・アフリカ方面は日本の深夜から日の出にかけて交信できます．

■ 設備

1.8MHzにおける8,000kmを越える海外との交信には200W以上の出力とフルサイズに近い効率の良いアンテナが必要です．しかし，海外の局でビバレージ・アンテナなどの大きな受信専用アンテナを使用している局は，こちらの信号が多少弱くても応答をくれます．

■ 目標

1.8MHzの海外交信では，世界6大陸との交信がよい目標になります．その中でも難関となるのが，アフリカ大陸と南米大陸です．冬季を中心に根気

図3-4　朝日が昇る前後に海外局の信号がピークをむかえる

強く運用を続ける必要があるでしょう．

アンテナ

1.8/1.9MHzは波長が160mですから，アンテナは半波長ダイポールで長さ80m，1/4λのバーチカル・アンテナで40mとなります．このようにフルサイズのアンテナは非常に長く（大きく）なるため，多くの局は電気的・物理的に短縮したアンテナを使用しています．また，できるだけワイヤを長く張り巡らせてアンテナ・チューナで同調をとるロング・ワイヤ・アンテナも使われます．

1.8MHzでは送信用アンテナとは別に受信用アンテナを用意することができると弱い信号の受信に効果的です．

写真3-1　VQ9LA（インド洋・チャゴス諸島）とVK9GMW（オーストラリア，メリッシュ・リーフ）のQSLカード
世界6大陸との交信ではアフリカが難関になる．一方で，オセアニアは近距離で信号も強く早々に交信できるだろう

（※2）送信周波数と受信周波数が異なる運用方法のことをスプリット運用といいます．スプリット運用は，バンドプランが異なる地域間で交信するとき，あるいは混信を避ける必要があるときに行われます（p.83参照）．

3.5/3.8MHz帯（80m/75mバンド）

図3-5　3.5/3.8MHz帯のバンドプラン

3.5/3.8MHz帯（**図3-5**）は，日中は国内近距離，夜間は国内遠距離との交信が盛んです．また，日の出・日の入り時刻を中心に海外交信も盛んです．

■ バンドプランと実際の運用状況

CWによる運用は国内交信・海外交信ともに3500〜3525kHzで行われます．SSB（LSB）の海外交信はバンドプランの上端である3791〜3805kHzで盛んで，それ以外では国内交信が行われています．

3.5/3.8MHz帯はバンドプランが複雑なため，実際の運用ではバンドプラン表を手元において運用するとよいでしょう．

図3-6　冬の夜長はローバンド．ゆったり話そう

国内交信（旬：通年・夜）

■ いつ，どこを聞けば交信できる？

日中は地上波による数百kmの近距離への伝搬が主となります．夕方から早朝にかけて電離層反射波による1,000kmを超える伝搬がひらけはじめ，国内全土と交信できます．

● 電信（CW）

3510〜3525kHz付近で週末の夜を中心に国内交信が聞こえます．ここでは和文による交信も行われています．

● 電話（LSB）

3525kHzのすこし上では7MHzの喧騒から一歩おきたい局が夜な夜なSSBでゆったりとした交信（ラグチュー）をしています（**図3-6**）．SSBによる国内交信は3560kHzあたりまでがよく使われています．

■ 設備

50W程度の出力に比較的簡単なアンテナ（ロン

写真3-2　西キリバチからのQSLカード
HFローバンドでも，オセアニアからの信号は総じて強い

グ・ワイヤ・アンテナ，短縮ダイポール・アンテナ，あるいは短縮バーチカル・アンテナなど)で交信が楽しめます．

■ 目標

　まずは日本国内全エリアとの交信が目標としてよいでしょう．全エリアと交信できたら，次は全都道府県との交信がよい目標になります．

海外交信（旬：冬の夜）

■ いつ，どこを聞けば交信できる？

　3.5/3.8MHzでの海外交信は日の入りから日の出にかけての夜間帯に行われます．時期は冬季が最もよく，日の出・日の入り時刻を中心に海外交信が盛んです．日の入りころから北米・南米，オセアニア方面が聞こえだします．また，日の出ころにはヨーロッパ・アフリカ方面からの信号がピークを迎えます．

● 電信（CW）

　CWは，3500～3510kHzまでのバンドエッジ[※3]付近で海外交信が行われます．

● 電話（LSB）

　SSBによる海外交信は3793，3795，3799kHzなどがスポット的に使われます．また，日本のバンドプラン外で海外局が運用している場合，こちらからの送信は日本のバンドプラン内で行う必要があり，スプリット運用(p.83参照)になります．SSBのバンドプランは特に複雑なため，送信前にバンドプランと照らし合わせてオフバンドになっていないか確認しましょう．

■ 設備

　CWの場合はS/Nの良さが幸いして，100Wとロング・ワイヤ・アンテナでも近場の海外局と交信が可能です(**写真3-2**)．このバンドでは出力もさることながら，アンテナが命です．

　SSBの場合や，本格的に8,000kmより遠くの海外と交信したい場合，200W以上の出力とフルサイズに近い効率の良いアンテナが必要でしょう．

■ 目標

　世界6大陸との交信がよい目標になると思います．CWでは南米が難関ですが，年に数度良い伝搬状態にめぐり合うことでしょう．

アンテナ

　3.5/3.8MHzは1波長が80mですから，半波長ダイポール・アンテナで長さ40m，1/4λバーチカル・アンテナで高さ20mです．

　水平系のアンテナではトラップ・コイルを使った短縮ダイポール・アンテナがよく使われます．水平系のアンテナはノイズに強く，受信に有利なことがあります．

　垂直アンテナでもコイルによる短縮を用いて全高を6～10m程度に抑えた短縮バーチカル・アンテナが広く使用されます(p.42の**図3-7**)．バーチカル・アンテナは打ち上げ角が低いため遠距離伝搬に有利です．

　また，10m以上のワイヤとアンテナ・チューナで構成したロング・ワイヤ・アンテナでも国内交信には十分です．

(※3)バンドの端のこと．下端についていうことが多い．

図3-7は短縮バーチカル・アンテナの一例で，垂直部は約7mのグラスファイバ竿にφ2mmの銅線を添わせ，ラジアルは10m程度の銅線を4～5本屋根の上に設置しています．マッチング部は空芯コイルと同軸コンデンサで構成しています．短縮アンテナながら，カリブ海やアフリカなどとも交信が楽しめますが，住宅街での垂直アンテナはノイズ・レベルの高さに苦労させられる一面もあります．

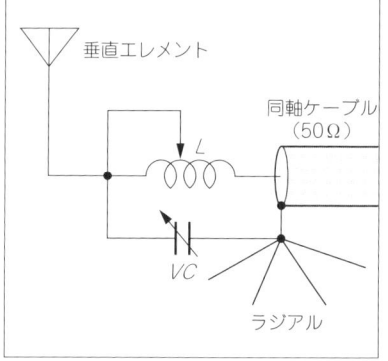

図3-7　高さ7m程度の自作バーチカル・アンテナ
短縮コイルとコンデンサで同調を取る．これくらいのアンテナだと国内交信には十分すぎるほど．カリブ海やアフリカからの信号をとらえることもできる

コラム3-2　バルーン・アンテナ

ARRLの機関誌"QST" 2009年1月号で米国のハムWU0I Jimがおもしろいアンテナを紹介しています．バルーン・アンテナです．これは，その名のとおり気球を使ってワイヤ・アンテナを空高く展開するというアイデアを実現したものです．1.8/1.9MHzや3.5/3.8MHzなどのローバンドではアンテナが長大になりますから，気球を使ってアンテナを「上げる」というのは何ともおもしろい話です．ここで紹介したアンテナは3.5/3.8MHzと7MHz用に設計されたデルタ・ループ・アンテナで，はしごフィーダによる平衡給電方式を採用しています．

広大な土地と穏やかな天候に恵まれれば，一度試してみたい夢のアンテナです．

図3-A　気球の打ち上げ準備をするアメリカのアマチュア無線家　（出典：QST 2009年1月号）

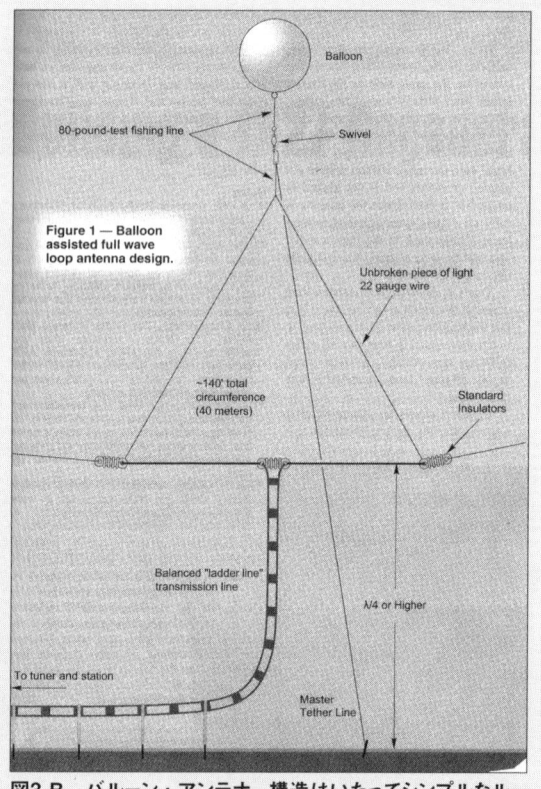

図3-B　バルーン・アンテナ．構造はいたってシンプルなループ・アンテナであることがわかる　（出典：QST 2009年1月号）

第3章 HFバンドの特徴と使い方

7MHz帯（40mバンド）

```
7MHz                                                          〔kHz〕
7000      7025  7040                    7100              7200
|   CW    |狭帯域|  CW，狭帯域の電話・画像(注1) |  狭帯域の全電波型式  |
          |データ|
                └─ 7030kHz 非常通信周波数（±5kHz）

海外交信    国内交信    国内交信        海外交信    国内・海外交信
（CW）     （CW）     （LSB）         （LSB）    （LSB）
                     （移動局が多い）              （ゆったりとした国内交信が多い）
```

7020～7030kHzでゆっくりとしたラバー・スタンプ交信が行われている

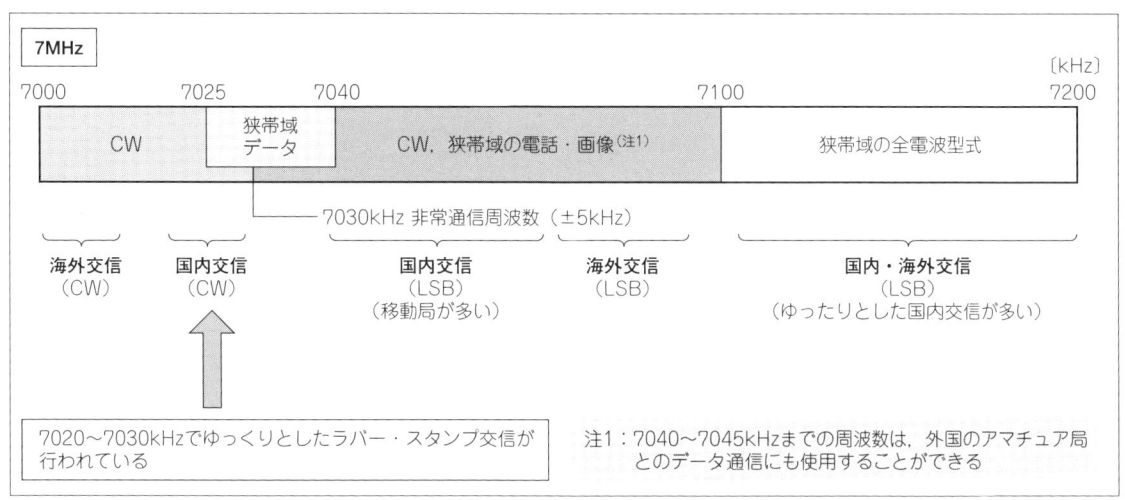

注1：7040～7045kHzまでの周波数は，外国のアマチュア局とのデータ通信にも使用することができる

図3-8　7MHz帯のバンドプラン

7MHzは一年中，いつ聞いても国内交信・海外交信とも大変にぎやかなバンドです．2009年3月30日から7200kHzまでバンドが拡張されました．

■ バンドプランと実際の運用状況

7MHz（**図3-8**）は，日中は国内交信，夕方から翌朝にかけて海外交信で大変にぎわいます．CWは7000～7010kHzで海外交信が，7010～7030kHzで国内交信が盛んです．SSBについては，国内交信は7040～7080kHz，海外交信は7060～7080kHzがメイン・ストリートです．

国内交信（旬：通年・日中）

■ いつ，どこを聞けば交信できる？

7MHzは日中，200km～2000km程度まで，近距離をまんべんなく伝搬します．一日聞いていれば日本の全エリアの信号をとらえることも難しくありません．

一方，夜間になると近距離はスキップします．夕方から夜にかけて近距離がスキップし始め，交

コラム3-3　国旗アンテナ

おもしろアンテナの第2弾は，アメリカの厳しい住宅規制がある地域で見られる国旗（旗竿）アンテナです．動作自体はバーチカル・アンテナそのものですが，外見を国旗に似せるという涙ぐましくもとてもおもしろい工夫です．なんとかして7MHzにオン・エアしようとする熱意が生み出したアンテナといえるでしょう．

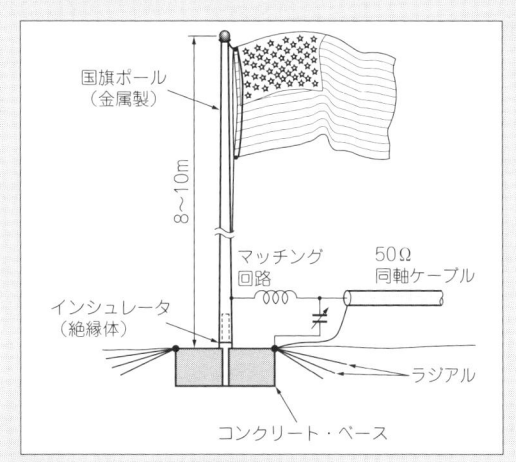

図3-C　7MHz用 国旗アンテナ
見た目は国旗だが，れっきとした7MHzのバーチカル・アンテナである

信できるのは1000km～2000kmの範囲が中心となります．夜から夜半以降は国内全体がスキップ気味になります．

● 電信（CW）

7010～7030kHzで国内交信が盛んです．移動局による599スタイルの交信や和文交信で隙間がないほどにぎやかです．CW初心者は，7025kHz付近で行われている，ゆっくりとした欧文ラバー・スタンプ交信を参考にするとよいでしょう．

● 電話（LSB）

国内交信は7040kHz～7080kHzで，休日の日中を中心に大変多くの局が運用しています．このバンドの国内交信は季節を問わずにぎわっており，空いている周波数を見つけるのが難しいほどです（図3-9）．

■ 設備

CWであれば5W程度の出力で日本国内と十分交信できます．余裕を見て50Wで運用してもよいでしょう．SSBでも50Wあれば十分です．アンテナはダイポール・アンテナを高さ10m程度に上げると国内交信に最適です．

■ 目標

まずは日本の全コール・エリアとの交信を目指し，その次は全都道府県との交信を目標にすると

図3-9　7MHzはいつも大にぎわい

おもしろいでしょう．

海外交信（旬：冬の朝）

■ いつ，どこを聞けば交信できる？

日の出と日の入り時刻を中心に海外交信が盛んです．7MHzは通年で海外交信が可能ですが，特に冬季にコンディションが良くなります．このバンドは，世界中で運用する局が多いため交信相手には困ることはありませんが，そのぶん，混信に出会うことも多くなります．

日の入り前からオセアニア方面が聞こえ始めます．続いて夕方から夜にかけて北米・南米が入感し，その後アジア方面へと入感地域が移っていきます．早朝にかけて中近東・ヨーロッパ・アフリカが聞こえます．また，北米・南米・オセアニア

写真3-3　5A7A（リビア）とHI9L（ドミニカ共和国）のQSLカード
リビアは日本時間の早朝に，ドミニカ共和国は日本時間の夕方に入感

方面は相手局の日の出ころに信号のピークがあり，ヨーロッパやアフリカは日本の日の出ころに信号のピークがあります（**写真3-3**）．

● 電信（CW）

CWは7000〜7015kHzあたりを中心に夕方から日の出すぎまで海外局が聞こえています．

● 電話（LSB）

SSBでは7060〜7080kHz近辺が海外交信のメイン・ストリートです．早朝から国内交信も盛んになってくるため，お互い混信に気をつけて運用する必要があります．

■ 設備

CWであれば100Wにフルサイズ・ダイポールで海外交信を楽しめます．SSBでは100W以上の出力がほしいところです．混信や電波伝搬を考えると，このバンドではCWが圧倒的に有利です．

アンテナは高さも重要ですが，いかにフルサイズに近いアンテナを使用できるかが重要となるでしょう．

■ 目標

世界6大陸との交信はアフリカが難関となりますが，伝搬自体はよいため必ず交信の機会があります．冬の早朝を中心に狙ってみてください．6大陸と交信できたら，次は世界100エンティティーとの交信を目標にしてみましょう．

アンテナ

7MHzは1波長が40mですから，半波長ダイポール・アンテナで長さ20m，1/4λバーチカル・アンテナで高さ10mです．フルサイズでは全長（全高）が大きくなるため，コイルやキャパシタンス・ハットなどを利用した短縮アンテナが広く使われています．

国内交信では水平系のアンテナがよく使われ，水平ダイポール・アンテナをV型に設置したV型ダイポールや，逆V字型に設置した逆Vダイポールが使用されます．水平系のアンテナを高さ10m程度に設置すると，打ち上げ角が高くなりますから，国内通信に適しています．また，任意長のワイヤとアンテナ・チューナで構成したロング・ワイヤ・アンテナでも国内交信には十分で，その場合ワイヤの長さは最低5〜6m，できれば10m程度あるのが望ましいでしょう．

バーチカル・アンテナは打ち上げ角が低いため遠距離伝搬に有利です．接地（アース）が課題となりますが，ラジアルを最低4本設置すると送受信ともにひとまず満足できる性能が得られます．設置環境にもよりますが，ラジアルはなるべく左右対称に張るとよいでしょう．特定の方向に偏ると，その方向に指向性が出ることが知られています．

コラム3-4　日の出すぎの5U7WP

7MHzでは，日の出を過ぎるとD層が形成され始めるのが手に取ってわかるように，海外局の信号は急に弱くなっていきます．しかし，ある日の日の出過ぎ，5U7WPがCQを出し始めたのを見つけました．呼ぶとすぐに応答があり，日の出後の7MHzで思わぬ海外局との交信となりました．しかし5U7WPの信号はその後すぐにノイズの中へと消えていき，この交信はわずか一瞬のチャンスでした．今でもとても印象に残っている交信です．

NIAMEY ★ NIGER ★ AFRICA
WAZ 35　　Loc JK13　　ITU 46

5U7WP

Fred Handscombe
G4BWP - XT2WP - K6BWP
FOC 1746

写真3-A　5U7WP（アフリカ・ニジェール）のQSLカード
7MHzのショートパスで西アフリカと交信できるのは珍しい

10MHz帯（30mバンド）

10MHz（**図3-10**，**図3-11**）はCWとデジタルモード（RTTY/PSKなど）専用バンドで，日本では2アマ以上に運用が許可されます．このバンドは，アマチュアには二次業務として割り当てられているため，ときに業務局が運用しているのが聞こえますがそれほど頻度は高くありません．

■ バンドプランと実際の運用状況

10120kHzを境に，それより上で国内交信，それより下で海外交信が盛んです．

国内交信（旬：通年・日中）

■ いつ，どこを聞けば交信できる？

国内交信は1,000km～1,500km程度の距離を得意とするため，日本のどこから運用しても交信相手に困ることはありません．ただし，200km～400km程度がスキップ・ゾーンとなることが多く，近隣地域との交信が難しいことがあります．

国内交信は，日中に日本全国と良好な伝搬がありますが，7MHz同様，夜間には国内がスキップ気味になります．

● 電信（CW）

10120～10130kHzは休日の日中に国内交信が盛んです．レポート交換のみの短い交信（599スタイルのショートQSO）が多く，その意味で初心者向けではありますが，打電速度は若干速めです．

■ 設備

国内交信を楽しんでいる多くの局はダイポール・アンテナやロング・ワイヤ・アンテナなどに50W～100W程度の出力で運用しているようです．アンテナが良ければ5W程度の出力でも交信に問題ありません．運用はCWに限定されますから，出力が小さくてもよく聞こえ，よく飛んでいくのが10MHzの良いところです．

■ 目標

日本各地の市町村からたくさんの運用が行われています．そのため，まずは全都道府県，その後は全市区町村との交信を目指して運用すると長く楽しめるでしょう．

海外交信（旬：冬の朝・夕）

■ いつ，どこを聞けば交信できる？

10MHzは7MHzと14MHzの間のバンドですが，電波伝搬は7MHzよりです．そのため日中は海外交信に向かず，日が傾く午後から翌朝にかけての

図3-10　10MHzはCWが主役のバンド

図3-11　10MHz帯のバンドプラン

第3章　HFバンドの特徴と使い方

写真3-4　ZD9T（南大西洋, トリスタン・ダ・クーニャ島）とVP8ORK（南極海, サウス・オークニー諸島）のQSLカード
どちらも日本からは非常に遠い場所だが, 10MHzで交信のチャンスにめぐり会えた. 10MHzは普段は静かだが, ここぞというときにチャンスを提供してくれるバンドでもある

夜間が海外交信に適しています（**写真3-4**）.

　1400JST過ぎから北米・南米・オセアニア方面がショートパスでひらけ始め, 相手局の日の出すぎまで交信が可能です. 夜半過ぎから中近東, 早朝にかけてヨーロッパやアフリカがショートパスで聞こえ, 日本の日の出ころにピークをむかえます. 日の出を迎えると, ヨーロッパ・アフリカからの信号は徐々に弱くなっていきますが, 7MHzよりも伝搬が継続し, 冬季には0900JST前後までアフリカの局が入感することもあります.

● 電信（CW）

　10100～10120kHzまでが海外交信のメイン・ストリートです. なお, 10110～10114kHzはヨーロッパの一部地域で常に混信波があるため, ヨーロッパ向けに運用する際はこのあたりの周波数を避けましょう.

■ 設備

　このバンドではダイポール・アンテナやバーチカル・アンテナに100W出力が標準的で, アンテナがフルサイズに近いほど送受信が良好です. CWによる運用ですから, お互い多少信号が弱くても交信できます.

■ 目標

　世界6大陸との交信, 世界100エンティティーとの交信が良い目標になります.

アンテナ

　10MHzは1波長が30m, 1/2λダイポール・アンテナの全長は15m, バーチカル・アンテナだと7.5m高です. ビーム・アンテナ（**写真3-5**）はサイズが大きくなるためそれほど普及しておらず, ダイポール・アンテナやバーチカル・アンテナなどのシンプルなアンテナで運用している局が多い印象です. 短縮アンテナがよく使われることもあり, フルサイズのダイポール・アンテナを使用すると一歩前に出て楽しむことができます.

写真3-5　釣り竿と銅線で製作した10MHzの2エレメント, ビーム・アンテナ
10MHz用だが釣り竿の長さに制限があるため, 物理的な構造は14MHzの2エレと同じである. このようにアンテナは工夫次第で小さくできる

14MHz帯（20mバンド）

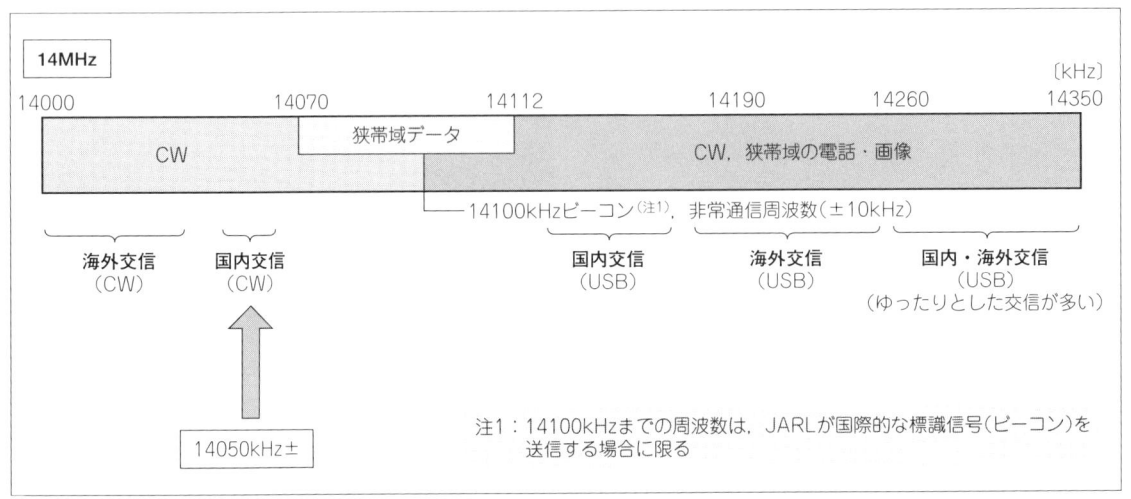

図3-12　14MHz帯のバンドプラン

　14MHz（**図3-12**）はHF帯のちょうど真ん中に位置するバンドで，国内・海外とも年間を通して安定した交信ができるのが特徴です．2アマ以上の免許で運用が許可されます．

■ バンドプランと実際の運用状況

　国内交信は，CWが14050kHz付近，SSBは14150kHz付近で休日の日中に盛んです．海外交信は，CWが14000〜14030kHz，SSBは14180〜14260kHzで行われています．

図3-13　安定した電波伝搬とゆったりと交信を楽しめる雰囲気が特徴の14MHz

国内交信（旬：通年・日中）

■ いつ，どこを聞けば交信できる？

　14MHzの国内交信は1,000〜2,000km程度の距離を得意とし，近距離にはスキップします．しかし，5月から8月にかけてのスポラディックE層による伝搬では，普段はスキップ・ゾーンに入る近隣地域とも交信が可能になります．

● 電信（CW）

　14050kHz付近で国内交信が盛んです．特に，休日の日中には移動局による599スタイルのショートQSOが盛んです．

● 電話（USB）

　14150kHz付近で早朝から昼過ぎにかけてゆったりとした交信が聞こえます（**図3-13**）．休日の午前中は特ににぎやかです．

■ 設備

　国内交信ではダイポール・アンテナや2エレメント程度のビーム・アンテナに50〜100W程度の

出力で安定した交信が楽しめます．CWであればワイヤ・アンテナとQRPでも十分交信可能です．

■ 目標

まずは全都道府県との交信を目指すとよいでしょう．コンテストでの運用が鍵です．

海外交信（旬：春・秋の朝夕）

■ いつ，どこを聞けば交信できる？

14MHzは冬季の夜間を除いて，一日中世界のどこかと交信が可能です．

一日の中では，早朝にヨーロッパ・アフリカが入感し，日の出前後から北米・南米・カリブ海方面がショートパスで聞こえはじめます．北米方面との伝搬がひらけるのと同時に，アジア・オセアニア方面との伝搬がひらけ，アジア・オセアニアとはこの後，日の入り過ぎまで交信が可能です．

昼を過ぎると中近東に続いてヨーロッパ方面が聞こえ始めます．春から夏にかけて，ヨーロッパはショートパスで入感しますが，秋から春にかけては夕方にロングパスでエコーを伴いながら入感します（**写真3-6**）．

● 電信（CW）

CWの海外交信は14000～14030kHzに集中します．なお，14025kHz付近は特に珍しい局が出てきたときに使用される周波数ですので，なるべく空けておきます．

世界中の局が運用しているので，聞こえる打電速度はさまざまです．自分にあった速度で交信しましょう．交信スタイルは，レポート交換のみの599スタイルの交信とラバー・スタンプ交信がほぼ半分です．

● 電話（USB）

14180～14260kHzで多くの海外局が運用しています．14195kHzは特に珍しい局が出てきたときに使用される周波数ですので，なるべく空けておきます．また，14230kHzはSSTVによる交信が行われているため，この周波数では通常のSSBによる交信は控えます．14MHzではネットQSOも行われているため，呼び出し前に周波数が使用されていないかよく確認してから運用しましょう．

■ 設備

CWであれば，ダイポール・アンテナに100W程度の出力で十分飛んでいきます．可能であれば小さめ（2エレ程度）のビーム・アンテナを使用できるとよいのですが，なるべく高く上げたダイポール・アンテナもあなどれません．SSBの海外交信では2エレ～3エレ程度のビーム・アンテナに100W以上の出力がほしいところです．

写真3-6　SN7N（ポーランド），YL2PQ（ラトビア）のQSLカード
秋から春にかけてのヨーロッパは，夕方のロングパスによる交信が主流となる

■ 目標

まずは世界100エンティティーとの交信を目指してみるとよいでしょう．その次は全CQゾーンとの交信に挑戦するとおもしろいと思います．

アンテナ

14MHzは1波長が20mですから，1/2λダイポール・アンテナの長さは10m，バーチカル・アンテナだと高さ5mです．このようにアンテナのサイズがローバンドと比べると小さくなるため，14MHz以上のHFハイバンドではビーム・アンテナを使用する局が多くなります．そのため，相手局のアンテナの性能が良いと，こちらがシンプルなアンテナに小電力で運用していても，良好な信号で交信できる場合があります．

5.4m規格の釣り竿を2本使えば回転可能なフルサイズ・ダイポール・アンテナを製作することができますから，アンテナの自作に挑戦したい場合にお勧めです．14MHzは国内・海外問わず伝搬状況が安定しているので，自作のアンテナでいろいろな地域と交信することができ，かなり楽しめるでしょう（**写真3-7**）．

フルサイズのアンテナが厳しい場合，短縮コイルを使用するとさらにアンテナを小さくすることも可能です．伝搬状態と相手局のアンテナに助けられてよく飛んでいくバンドですから，短縮したアンテナでも思ったよりも楽しめます．

写真3-7　14MHz，デルタ・ループ・アンテナ
垂直部の先端を頂点とする正三角形になるように銅線エレメントを設置

コラム3-5　海外コンテストはぜひ14MHzで

HFバンドの中でも14MHzは特に海外交信向きといわれています．これは14MHzがHF帯（3〜30MHz）のほぼ真ん中に位置しており，ローバンドとハイバンドの良いところを併せ持ち，1年をとおして海外交信を楽しむことができるからです．

このとき特にお勧めなのが14MHzでの海外コンテストへの参加です．海外交信に不慣れでも，コールサインとコンテスト・ナンバーの交換だけで完結するコンテスト交信は，場馴れするのに最適だと思います．とくに世界規模で開催されるCQ WPXコンテストとCQ WWコンテストでは，14MHzの安定したコンディションとも相まって，世界中の局が一様にバンドを埋め尽くし，普段耳にすることのない国や地域の局も聞こえてきます．本格的にコンテストへ参加せずとも，ダイヤルを回して珍しいところを呼びに回ったり，強い局を片っ端から呼んでみたりするのもよいでしょう．タイミングが良いとコンテスト開催期間中の週末だけで世界6大陸すべてと交信することも夢ではありません．

もちろん激しい混信の中で交信を進めなければならない場面も多いのですが，そのような状況で相手の送信内容を正確に聞き取る技術やうまくタイミングを合わせてこちらの電波を届ける技術を磨くなど，運用スキルが向上すること間違いなしです．コンテストは何もフル参加するためだけにあるのではありません．自分にとってプラスとなるように，そして楽しめるように，気軽に上手に利用しましょう．

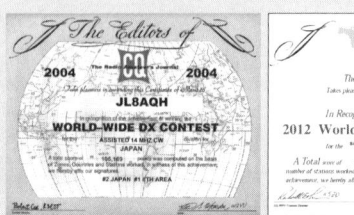

写真3-B　14MHz部門で参加したコンテストの賞状
CQ WPX CWコンテストは例年5月最終週の週末に，CQ WW CWコンテストは11月の最終週の週末に開催される

第3章　HFバンドの特徴と使い方

18MHz帯（17mバンド）

　18MHz（**図3-14**）はバンド帯域が18068～18168kHzの100kHzで，適度に狭いためコンパクトで使いやすいバンドです．14MHzよりも小電力でよく飛び，21MHzよりもオープンが安定していて長い傾向があります．たくさんの局が運用しているため，国内交信・海外交信のどちらも盛んなバンドです（**図3-15**）．

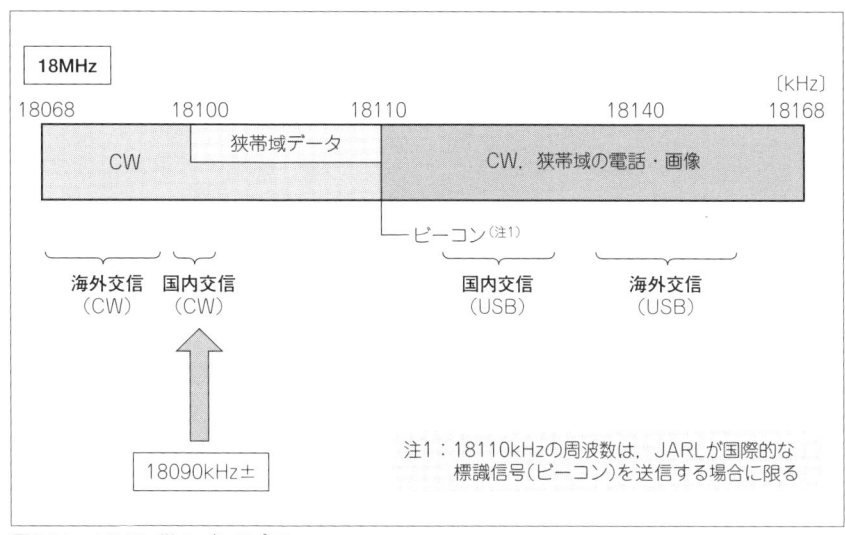

図3-14　18MHz帯のバンドプラン

■ バンドプランと実際の運用状況

　国内交信は，CWが18090kHz付近，SSBは18130kHz付近がよく使用されます．海外交信は，CWはバンドエッジの18070kHz付近，SSBは18145kHzあたりで盛んです．

国内交信（旬：春～秋の日中）

■ いつ，どこを聞けば交信できる？

　18MHzの国内交信は，1,000kmから2,500km程度の国内でも比較的遠距離を得意としています．夕方から夜にかけて国内はスキップ気味になりますが，日中はおおむね良好な伝搬に恵まれます．また，5月から8月にかけてスポラディックE層による伝搬を利用して，近距離との交信も可能です．

● 電信（CW）

　国内交信は18080～18090kHzで盛んで，18090kHz付近では和文による交信も聞こえます．休日の午前中に多くの局が運用しています．

● 電話（USB）

　18125～18140kHzで国内交信が聞こえますが，週末の午前中など，混雑しているときはさらに高い周波数まで埋まります．

■ 設備

　国内交信はダイポール・アンテナに50W出力で十分に楽しむことができます．聞こえればまず交信できるでしょう．

図3-15　18MHzは国内交信も海外交信も小電力でバランスよく楽しめる

写真3-8　T32CK（太平洋，クリスマス島），4L1MA（グルジア）からのQSLカード
どちらもショートパスによる伝搬で，良好な信号で入感

■ 目標

全都道府県との交信を目指すとよい目標になるでしょう．

海外交信（旬：春・秋の朝夕）

■ いつ，どこを聞けば交信できる？

18MHzの電波伝搬は季節によってさまざまですが，特に5月・6月の春と10月・11月の秋に伝搬状態が良くなります．

早朝に北米・カリブ海方面，それに続いて南米が聞こえます．アジア・オセアニアとは日中を中心にほぼ一日中交信が可能です（**写真3-8**）．夕方にはヨーロッパ・アフリカ方面が聞こえ始めます．夏季にはヨーロッパとのオープンは深夜まで続きます．また，同じく夏季の夜間にはインド洋からアフリカ南部にかけての地域がショートパスで聞こえてきます．6月・7月の深夜には北米東海岸・カリブ海との突発的なオープンがあります．

また，10月からの秋には夕方にロングパスでヨーロッパ・アフリカが入感します．

● 電信（CW）

海外交信は18068～18090kHzで盛んです．バンド幅が狭いため，コンディションが良いと多くの局が運用し，隙間がないほどにぎやかになります．

● 電話（USB）

18125～18165kHzで海外交信が聞こえます．特に18135～18150kHzで多くの海外局が入感しますが，それほどバンドが広いわけではないので，まんべんなく受信するとよいでしょう．こちらも伝搬が良好なときにはバンド幅いっぱいにたくさんの局が並びます．

■ 設備

ダイポール・アンテナに100W出力で世界各地と交信が可能です．2エレ～3エレ程度の小さなビーム・アンテナがあると，鬼に金棒でしょう．CWでは50W程度でもかなり楽しめますが，SSBでは100W以上の出力がほしいところです．

■ 目標

世界100エンティティーとの交信がよい目標になるでしょう．

アンテナ

18MHzは1波長17m，$1/2\lambda$ダイポール・アンテナで全長8.5m，バーチカル・アンテナでは高さが4.2mとなります．国内通信ではフルサイズのダイポール・アンテナがあれば十分すぎるほどでしょう．モービル・ホイップに50W以下の電力でもよく飛んでいきます．

第3章　HFバンドの特徴と使い方

海外交信を視野にいれると，フルサイズのダイポール・アンテナが最も手ごろで，次いで2エレ〜3エレのビーム・アンテナがあるとより楽しめます．ビーム・アンテナであれば，50W出力でも世界中と交信を楽しむことができるでしょう．

写真3-9は18MHzの3エレメント八木宇田アンテナです（下段に見えているのは7MHzの短縮2エレ）．自作のアンテナですが，フルサイズの3エレメント・ビームは本当によく聞こえ，よく飛びました．サイクル23のピークとも相まって，50W出力でアフリカやカリブ海とストレスなく交信することができた筆者思い出のアンテナです．

写真3-9　18MHzの3エレメント，ビーム・アンテナ（上段）

コラム3-6　HF通信入門にお勧めの18MHz

　HF通信の入門には7MHzと21MHzがお勧めですが，旧来から言われてきたこれら二つのバンドに加えて，筆者は18MHzをお勧めに加えたいと思います．18MHzは3アマから運用でき，設備もそれほど大掛かりにならないことから，HF通信の入門には最適だと思います．

　かくいう筆者も，21MHzから入門して次に電波を出したのは18MHzでした．HF通信の世界に入門した当時，筆者は3アマだったため14MHzには出られず，そのかわり21MHzに加えて18MHzが海外交信のメインバンドとなっていました．21MHzと18MHzはたった3MHzしか違いませんが，電波伝搬は似て非なるもので，21MHzではいつも弱々しく聞こえるアフリカの局が強力に聞こえたり，あるいは21MHzではなかなかオープンしない夏季深夜のカリブ海への伝搬が使えたりと18MHzの電波伝搬の多彩さには大いに楽しませてもらいました．

　一方の国内交信は7MHzでよく聞かれる「59です，どうぞ」といったスタイルの交信は少なく，週末の日中を中心にラバー・スタンプ交信から少し発展した「普通の会話」が楽しめるバンドです．ラバー・スタンプの内容はあくまでもあいさつ程度でその後の会話や技術談義を楽しむといったスタイルです．CWの場合は599スタイルの交信とラバー・スタンプQSOが半々くらいですが，入門者にやさしい雰囲気がありますので，7MHzの混雑が苦手な方は18MHzで気軽にCWを楽しんでください．ゆっくりとしたキーイングでもたくさんの局から呼び出しを受けるでしょう．バンド内のノイズ・レベルが低く混信も少ないため，7MHzよりも快適に受信できると思います．また，バンド幅が適度に狭いため，CQを出して見つけてもらえる確率が高く，交信相手に欠かないバンドであるといえます．

　以上のことから，18MHzは国内交信を楽しみたい方にとっても海外交信を楽しみたい方にとってもお勧めのバンドです．ものは試しと，一度18MHzの世界を覗いてみてはいかがでしょうか．

写真3-C　18MHzで交信したアフリカ局のQSLカード
ZD8（大西洋・アセンション島），TT（チャド），ST（スーダン）など21MHzではなかなか交信の機会に恵まれなかったところとも18MHzで交信することができた．18MHzは独特の電波伝搬がおもしろい

21MHz帯（15mバンド）

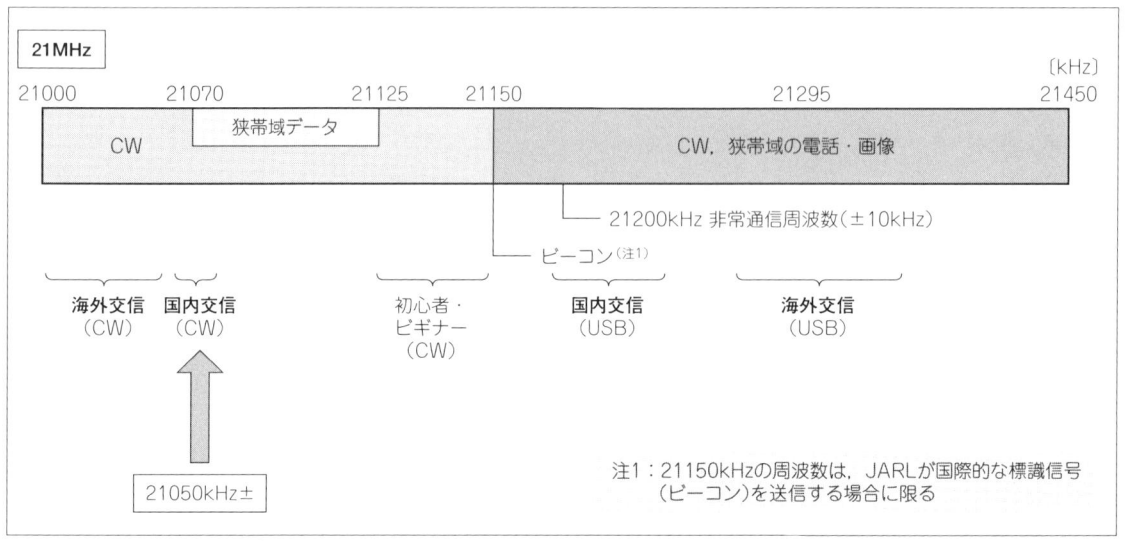

図3-16　21MHz帯のバンドプラン

21MHz（**図3-16**）は国内交信，海外交信ともにHFへの入門にちょうどよいバンドです（**図3-17**）．入門にちょうどよいと言っても，電波伝搬は多彩で日本国内はもちろん世界規模で交信が楽しめます．また，21MHz以上のバンドは比較的ローパワー（50W以下）に簡単なアンテナでも良く飛びますので，設備が限定される場合にもお勧めです．春から秋には伝搬状態が特によく，手軽に国内・海外交信を楽しめます．

図3-17　入門バンドとして，また自作派ハムの実験フィールドとして，幅広い懐（ふところ）の21MHz

■ バンドプランと実際の運用状況

国内交信は，CWが21050kHz付近，SSBは21200kHz付近がよく使用されます．海外交信は，CWはバンドエッジの21025kHz付近，SSBは21295kHzあたりで盛んです．

国内交信（旬：春～秋の日中）

■ いつ，どこを聞けば交信できる？

21MHzの電波は1ホップで2,000km～3,000km程度伝搬するため，国内遠距離との交信が得意です．時間は午前中～昼過ぎまでが特に良好で，午後に入ると国内はスキップし始めます．

なお，冬季は電離層の電子密度が低下するため21MHzの電波が電離層を突き抜けるようになり，日中でもどこも聞こえないことがあります．特に冬季の夜間はバンドが静まりかえります．

第3章　HFバンドの特徴と使い方

● 電信（CW）

21050kHz付近で国内交信が盛んです．また，これとは別に21130～21150kHzはCW入門者用の周波数として使われています．ゆっくりした交信が聞こえますから，CWを始めたばかりのころは，週末の午前中に聞いてみるとよいでしょう．また，自信がついてきたらCQを出してみましょう．

● 電話（USB）

21150～21240kHzで国内交信が盛んです．休日の日中は数kHzおきに何局も並んで運用しているのが聞こえます．

■ 設備

国内交信は50W以下の出力とダイポール・アンテナで十分楽しめるでしょう．コンディションの良いときには，50W出力にモービル・ホイップでも安定した交信が楽しめます．

■ 目標

21MHzはスキップ・ゾーンが広いため，全コール・エリアとの交信は意外とやり甲斐があります．近隣200km～500kmの地域とは夏季のスポラディックE層による伝搬を利用しましょう．全コール・エリアと交信できたら，全都道府県を目指してみるとよいでしょう．

海外交信（旬：春～秋の朝・夕）

■ いつ，どこを聞けば交信できる？

冬季を除く春から秋にかけてが海外交信のシーズンです．

基本的には日の出とともに伝搬がオープンし，夏季には日没後も伝搬が続きます．一方，冬季の夜間は海外との交信はほとんど望めません．

日の出前後の早朝に北米・カリブ海方面が聞こえだし，中南米がそれに続きます．午後には中近東から聞こえ始め夕方にかけてヨーロッパ・アフリカがショートパスで入感します．夕方のヨーロッパ・アフリカ方面のパスは，秋以降はロングパスが主流となります．また，夏季の夜間はインド洋，アフリカ南部・東部が良好な信号で聞こえるようになります．

● 電信（CW）

21000～21030kHz付近で海外交信が盛んです．21025kHz付近はDXペディションなどの特に珍しい局が出てきたときに使用される周波数ですので，なるべく空けておきます．

● 電話（USB）

21260～21300kHzにかけて海外交信が盛んです．21295kHzは特に珍しい局が出てきたときに使用される周波数ですのでなるべく空けておきましょう．

■ 設備

CWであれば，ダイポール・アンテナに100W程度の出力で十分飛んでいきます．ただし，21MHz以上のバンドは本当にコンディション次第のところがあり，5Wでアフリカや南米と交信できることもあれば，100Wでヨーロッパと交信するのが苦しいこともあります．

アンテナについては，21MHzともなるとビーム・

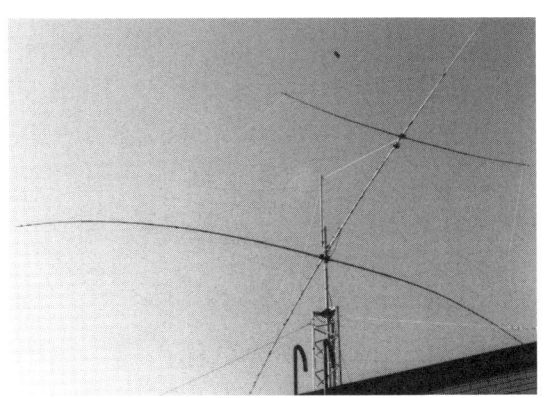

写真3-10　14MHz～28MHzをカバーする自作ログペリ・アンテナ

写真3-11　P5/4L4FN（朝鮮民主主義人民共和国），SU9US（エジプト）からのQSLカード
21MHzは世界中で人気のバンドのため，珍しい国からもアマチュア局が運用している

アンテナを使用する局が多くなります（p.55の**写真3-10**）．SSBでは2エレ～3エレ程度のビーム・アンテナに100W以上の出力があると安定して海外交信を楽しめると思います．

■ 目標

まずは世界100エンティティーとの交信を目指してみるとよいでしょう（**写真3-11**）．その次は全CQゾーンとの交信を目標にしてみましょう．

アンテナ

21MHzの1波長は15mですので，1/2λダイポール・アンテナの全長は7.5m，バーチカル・アンテナは高さ3.25mになります．

3.5m程度に短くした釣り竿2本を使えばすぐにダイポール・アンテナが作れます．また，アンテナの重量も小さくなるため比較的高い場所にアンテナを上げることができるでしょう．サイズ，重さを考えても2エレメント程度のビーム・アンテナが現実的かと思います．

コラム3-7　地上高3mのダイポール・アンテナとヤン・マイエン島

21MHzは筆者が始めて運用したHFバンドでした．ちょうどサイクル23のピークを過ぎたころのことです．当時3アマだったため，50Wの出力まで許可されていましたが，最初はどれくらいの出力で運用すればよいかわからず，とりあえず5WのQRPでCWを運用していました．アンテナは銅線で作ったダイポール・アンテナで地上高3mもなく，完全に建物の影になっていました．

ある日の夜，いつものようにヨーロッパがひらけてきました．アフリカの局が聞こえないかな，と思いつつバンドを巡回していると，JX7DFAという局が聞こえていました．プリフィックスがJから始まるので，初心者の筆者は日本の局だと思いました．いつもどおり出力5Wで呼んでみると，すぐに応答がありました．本人は日本の7エリアと交信した気でいるのですから，特に何の感動もなくあっけなく交信は終了しました．

この局が日本から7,000km離れた北極圏のヤン・マイエン島という島だと知ったのは，しばらく後のことでした．図らずも，出力5Wに3m高の自作ダイポール・アンテナでヤン・マイエン島と交信できたわけですが，サイクルのピークではこのようなこともあるのだと，大変勉強になりました．

写真3-D　JX7DFA（ヤン・マイエン島）のQSLカード．北極圏の島である

第3章　HFバンドの特徴と使い方

24MHz帯（12mバンド）

24MHz（**図3-18**）は普段とても静かなバンドですが，バンドが静かなのは各地との伝搬があるにもかかわらず出ている局が少ないだけ，という理由が多く，CQを出してみると案外多くの局に呼ばれて楽しめるバンドです．いわゆる穴場のバンドで，実際は国内交信，海外交信とも大きな可能性を秘めたバンドです（**図3-19**）．

加えてHFの中でも高い周波数であるため，伝搬さえあれば小電力でよく飛んでいきます．50W程度の出力に2エレメント程度のビーム・アンテナがあれば海外との交信も楽しめるでしょう．

■ バンドプランと実際の運用状況

国内交信は，CWが24910kHz付近，SSBは24970kHz付近がよく使用されます．海外交信は，CWはバンドエッジの24895kHz付近，SSBは24945kHzあたりで盛んです．

国内交信（旬：春～秋の日中）

■ いつ，どこを聞けば交信できる？

冬季の夜間を除いて，日中を中心に国内交信が楽しめます．ただし，スキップ・ゾーンが2,000kmを超えることも珍しくありませんから，この特性をよく把握したうえで運用することがポイントです．日の入りを過ぎると国内はスキップ気味になります．

● 電信（CW）

CWは24910kHz付近がよく使われます．

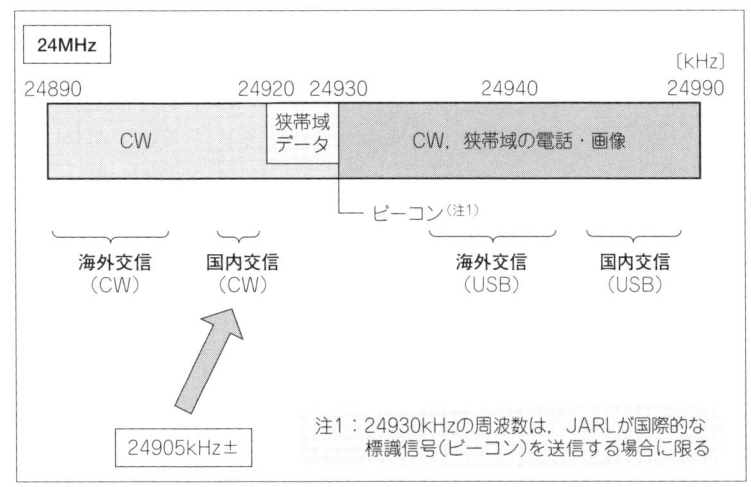

図3-18　24MHz帯のバンドプラン

● 電話（USB）

24950～24970kHz付近がよく使われます．SSBはバンド幅も十分で空いていて使いやすでしょう．

■ 設備

コンディションが良い場合，50W以下の出力とモービル・ホイップで交信が楽しめるでしょう．ダイポール・アンテナや2エレメント程度のビーム・アンテナがあればさらに良好な信号で送受信できます．

図3-19　HFの穴場バンド．静かなようで実は各地と伝搬がひらいている

HF通信入門 | 57

写真3-12 DL2QB（ドイツ），C98RF（モザンビーク）のQSLカード
24MHzは日本の夕方にかけてヨーロッパ・アフリカ方面と良好な伝搬がある

■ 目標

まずは日本の全コール・エリアとの交信を目標にしてみるとよいでしょう．運用している局が少ないため，全エリアとの交信には時間がかかるかもしれません．

海外交信（旬：春～秋の朝・夕）

■ いつ，どこを聞けば交信できる？

一年を通じて，日中はアジア・オセアニア方面と交信できます．それ以外の地域に対しては，24MHzの電波伝搬は，かなりはっきりとした規則性がみられます．

早朝に北米・カリブ海方面，それに引き続き中南米が聞こえます．次に昼を回ると，中近東・インド洋方面が入感し，夕方にかけてヨーロッパ・アフリカ方面が聞こえます（**写真3-12**）．秋には夕方のヨーロッパ・アフリカはロングパスでも入感します．

また，夏季6月から9月にかけては夜間に中近東～インド洋・アフリカ東部と良好なオープンがあります（**写真3-13**）．

● 電信（CW）

24890～24900kHzで海外交信が盛んです．

● 電話（USB）

24945kHz付近から上で海外交信が行われています．

■ 設備

海外交信には100W程度の出力と2エレメント程度のビーム・アンテナが最適です．24MHzはWARCバンドのため，市販されているアンテナの種類が少なく，アンテナの自作の余地が大いにあります．3エレメント以上のビーム・アンテナを使用するとかなり海外交信が楽しめるでしょう．

■ 目標

このバンドはインド洋からアフリカ南部・東部方面に対してとても良い電波伝搬が期待できるため全大陸との交信は比較的達成しやすいでしょう．そのため，世界100エンティティーとの交信が良い目標になると思います．

アンテナ

24MHzの1波長は12mですので，$1/2\lambda$ダイポール・アンテナの全長は6m，バーチカル・アンテナは高さ3mになります．竹竿や短い釣り竿2本を使えばすぐにダイポール・アンテナが作れます．また大きさも手ごろになりますから，八木・宇田ア

第3章　HFバンドの特徴と使い方

ンテナやキュービカルクワッド・アンテナなどのビーム・アンテナの製作も現実的でしょう．海外交信向けには地上高を1/2λ程度とる必要がありますが，このバンドではその条件をクリアしやすいため，いっそうアンテナの性能が引き出されます．

写真3-13　EP3UN（イラン），3B9FR（インド洋・ロドリゲス島）のQSLカード
24MHzは夏季の夜に中近東～インド洋・アフリカ東部にかけて良好なパスがある

コラム3-8　CQを出してみよう

　2003年当時，筆者は銅線と竹竿で製作した21MHz用の2エレメント・キュービカルクワッド・アンテナを使用していました．キュービカルクワッド・アンテナはループ・アンテナですから，ループの内側にさらにループを追加していくことが可能です．そこで21MHz以外のバンドも運用したかった筆者は，さっそく21MHzのループの内側に24MHz，28MHzのループを追加してみました．

　さて，24MHzに出てみようと思いバンドを聞いてみます．やっぱりシーンとしています．誰も出ていないのです．だめもとでしたが，CWでCQを出してみました．すると，ヨーロッパの局が次から次へと呼んできます．伝搬はあるのに誰も出ていなかったのです．あちらも，こちらもお互い「聞いて」はいたようですが，「出て」はいなかったのです．それからというもの，暇を見つけてはCQを出してみると，ヨーロッパの局が呼んできてくれました．

　バンドが静かだなと思ったら，IBPのビーコンが聞こえなくても，ためしにCQを出してみましょう．自分の設備で大丈夫かな，と不安に思うかもしれませんが，あなたの信号が届いていればCQに対して呼び出しがあるでしょう．まずは電波を出してみることが大切です．

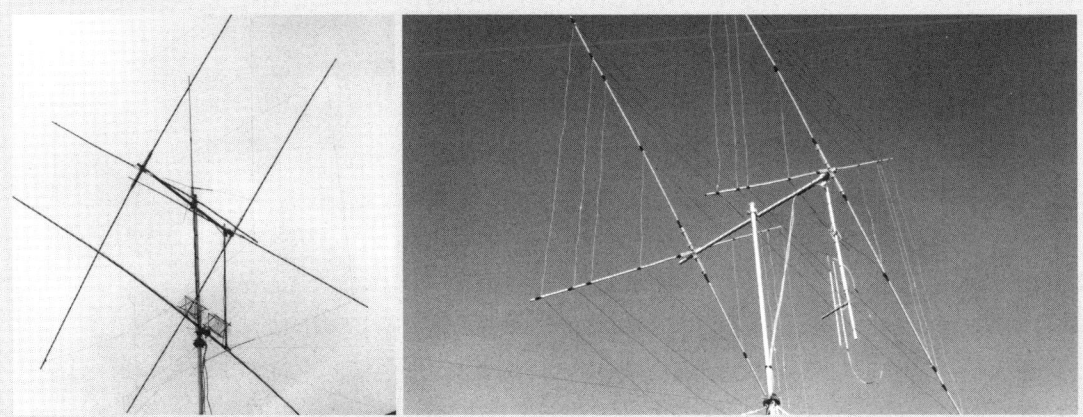

写真3-E　21MHzのみのモノバンド用キュービカルクワッド・アンテナ（左）とそれに24MHz～50MHzまでのエレメントを追加したマルチバンド用キュービカルクワッド・アンテナ（右）
手作り感満載だが，性能はなかなかのもので，50W出力のCW運用でも，CQを出すとヨーロッパからひっきりなしに呼ばれた

28MHz帯（10mバンド）

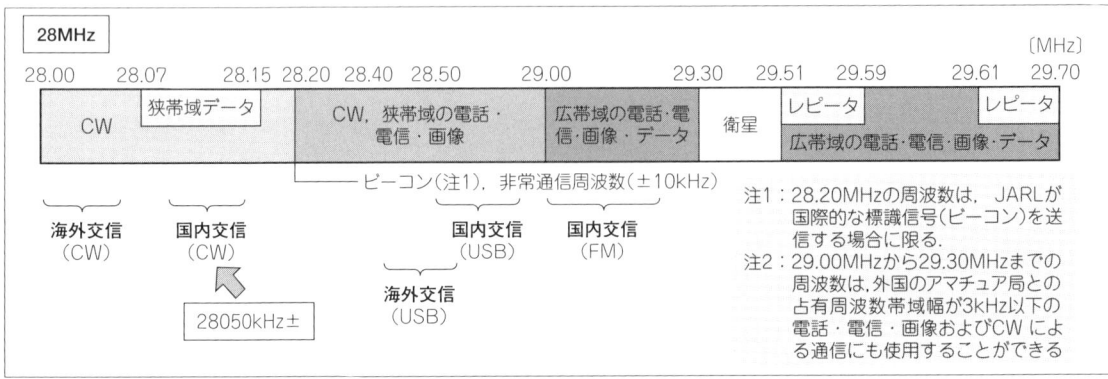

図3-20　28MHz帯のバンドプラン

28MHz（図3-20）はバンド幅が1.7MHzもあり，かなり広いバンドです（図3-21）．HF帯で唯一FMが使えるバンドでもあります．広大なバンドですが，実際には国内交信，海外交信ともに限られた周波数付近で交信が行われているため，要点を押さえて受信してみましょう．

■ バンドプランと実際の運用状況

国内交信は，CWが28050kHz付近，SSBは28520kHz付近で盛んです．海外交信は，CWはバンドエッジの28025kHz付近，SSBは28495kHzを中心に盛んです．28MHzは国内交信，海外交信ともどちらかというと電話による運用のほうが盛んです．

図3-21　HFで最も広大な帯域を持つ28MHz． FMモードによる交信や衛星通信も楽しめるなど，HFの中では一味違ったおもしろさがある．また，サイクルのピークでひときわにぎわうバンドでもある

国内交信（旬：春〜秋の日中）

■ いつ，どこを聞けば交信できる？

28MHzの国内交信は，春から秋の日中に1,500km〜2,000km程度の距離を得意としています．日の出とともに伝搬がひらけ始め，日の入りころに伝搬が消滅します．6月，7月にはスポラディックE層による国内近距離との交信が楽しめます．

● 電信（CW）

28050kHz付近がよく使われます．

● 電話（USB・FM）

28480〜28550kHz付近を聞いてみましょう．FMは29000〜29300kHzで運用する局が多いです．

■ 設備

50W程度の出力にダイポール・アンテナなどの水平系のアンテナが良いでしょう．コンディションの良いときはモービル・ホイップにQRPでも簡単に交信できてしまいます．

■ 目標

全都道府県との交信を目指してみるとやりがいがあります．近隣の都道府県との交信には夏季のスポラディックE層による伝搬を利用します．

第3章　HFバンドの特徴と使い方

海外交信（旬：春・秋の朝・夕）

■いつ，どこを聞けば交信できる？

28MHzもほかのHFハイバンドと同様，春と秋に特にコンディションが良くなります．基本的には日中を中心に海外交信が可能ですが，太陽黒点数が上昇してくるサンスポット・サイクルのピークでは夜間も世界中と交信が可能な状態になります．

一日の中では早朝に北米東海岸・カリブ海方面が聞こえ始め，その後北米西海岸，中南米が昼前までオープンします．お昼を過ぎると中近東・インド洋方面が聞こえだし，夕方のヨーロッパ・アフリカとのオープンへと続きます．秋からは夕方のヨーロッパ・アフリカ方面はロングパスで入感します．

● 電信（CW）

28000〜28030kHzが中心ですが，高めの周波数を好む局も多いため，28050kHz付近まで聞くとよいでしょう．

● 電話（USB）

28450〜28500kHz付近を中心に聞くとよいでしょう．特に28495kHz付近に海外局が集中しますので，要チェックです．

■設備

100Wほどの出力にビーム・アンテナがあると，世界中と交信を楽しめると思います．コンディションが良ければさらに小電力，小さなアンテナでも思わぬ遠方の局と交信できます（写真3-14）．

■目標

コンディションが良ければ，世界全大陸との交信は案外簡単に達成できてしまいます．しかし，サンスポット・サイクルの下降期にはそれも難しい目標になるでしょう．世界100エンティティーとの交信も同様で，サイクル・ピークでは簡単に達成できますが，サイクル・ボトムでは交信数が伸び悩みます．

アンテナ

28MHzの1波長は10m，1/2λダイポール・アンテナの全長は5m，バーチカル・アンテナは全高2.5mです．

このバンドではダイポール・アンテナよりもビーム・アンテナのほうがよく使用されます．これは大きさが手ごろで設置しやすいことが理由です．もちろんダイポール・アンテナでも海外交信を楽しむことができます．実際28MHzにもなると，電離層の状態さえよければアンテナはある程度何を使用していてもよく聞こえ，よく飛びます．

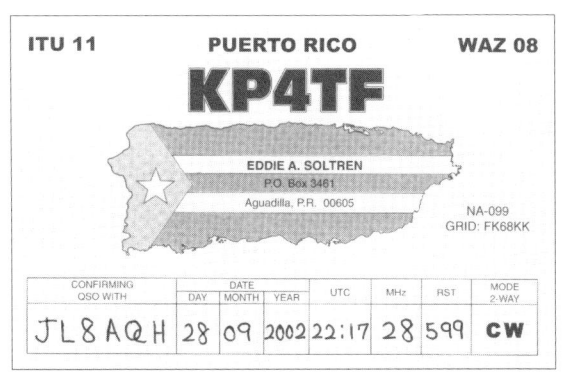

写真3-14　プエルトリコ（KP4TF）とヨルダン（JY9QJ）のQSLカード　50W出力と2エレのキュービカルクワッド・アンテナで交信．コンディションが良いとカリブ海や中近東の局も明瞭に聞こえる

第4章

HFの交信
～交信の仕方と運用マナー～

無線設備が整ったら，いよいよHFの無線交信を聞いてみましょう．まずは，HFの交信がどのようなものか，実際の交信例に基づいて見ていきましょう．

4-1 交信の種類

ラバー・スタンプQSO

ラバー・スタンプ(rubber stamp)QSOとは，HFで最もよく行われている交信スタイルで，「慣習的に決められた内容」を「順番に」伝達しあう交信のことです．つまり交信がマニュアル化されているため，初心者でも簡単に交信できます．ちなみにラバー・スタンプとはゴム印のことで，紋切り型の交信になるためこのように呼ばれています

(図4-1)．

実際の交信で交換する情報は，

- コールサイン
- RSTレポート
- 名前(CWの場合はハンドル・ネーム)
- 運用場所
- 無線設備
- 天気

などで，おおむねこの順番で伝達が行われます．

ショートQSO

ショートQSOとは，コールサインとレポート交換のみの短い交信のことです．珍しい場所に移動している局や記念局との交信にこのスタイルが多くみられます．また，DXペディション局との交信やコンテストにおける交信は必然的にショートQSOになります．

1回目の送信

JA8QRV こちらは JL8AQH，こんばんは． → お互いのコールサインの確認
そちらの信号は59で入感しています． → シグナル・レポート
こちらの名前は前田といいます． → 名前
QTH (運用場所) は北海道札幌市です． → 運用場所
お返しします，JA8QRV こちらは JL8AQH，どうぞ．

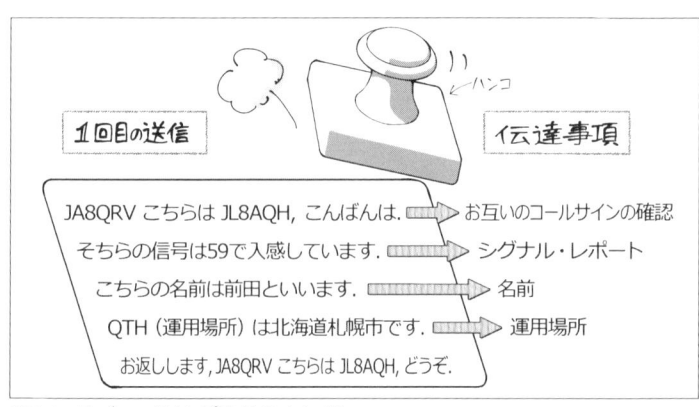

伝達事項

図4-1 ラバー・スタンプ交信のイメージ
判を押したように同じ内容を送ることからこの名がついた

第4章　HFの交信

4-2　SSBによる実際の交信

国内ラバー・スタンプQSO

CQを出す側!

CQ CQ CQ こちらは JL8AQH 北海道札幌市．お聞きの方いらっしゃいましたら交信お願いします．受信します．

呼ぶ側!

JL8AQH こちらは JA6QRZ JA6QRZ どうぞ．

JA6QRZ こちらは JL8AQH．こんにちは，お呼び出しありがとうございます．RSレポートは59です．こちらの名前はマエダ，マッチのマ，英語のエ，たばこのタに濁点，マエダです．QTH（運用場所）は札幌市清田区です．
お返しします．JA6QRZ こちらは JL8AQH，どうぞ．

JL8AQH こちらは JA6QRZ．了解です，前田さん．こちらにも同じく59で入感しています．名前はフジエ，富士山のフ，新聞のシに濁点，英語のエ，フジエです．
QTHは熊本県熊本市です．リグ（無線機）はFT-101，100Wで運用しています．アンテナは4エレの八木・宇田アンテナ，15m高です．
お返しします．JL8AQH こちらは JA6QRZ どうぞ．

はい，了解です．JA6QRZ こちらは JL8AQH．了解しました，藤江さん．
リグ・アンテナのご紹介ありがとうございます．
こちらはFT-1000MP，100W，アンテナはV型ダイポール・アンテナで運用しています．札幌の天気は雪で，気温はマイナス5度です．もしよろしければ，QSLカードはビューロー経由でお送りします．JA6QRZ こちらは JL8AQH，どうぞ．

JL8AQH こちらは JA6QRZ．了解です，前田さん．札幌は寒いようですね．
熊本は15度ほどあります．天気は晴れています．もうすぐ桜の季節かなというところです．QSLカードはビューロー経由でお送りします．交信ありがとうございました．
JL8AQH こちらは JA6QRZ，どうぞ．

JA6QRZ こちらは JL8AQH．了解です．
もう桜ですか，早いですね．札幌はあと1か月以上かかると思います．
こちらこそ初めての交信ありがとうございました．
また聞こえておりましたら，交信よろしくお願いいたします．
JA6QRZ こちらは JL8AQH，ありがとうございました，73!

前田さん，どうもありがとうございました．
また他のバンドでもお会いしましょう．
JL8AQH こちらは JA6QRZ，73!

図4-2　国内局とのラバー・スタンプ交信の例
ラバー・スタンプ交信は無線交信で最も基本的なスタイルです．初めは緊張してどうすればよいかわからなくなると思いますが，交信例を参考にしてみてください

HF通信入門 | 63

国内ショートQSO

CQを出す側!

CQ CQ CQ
こちらは 8J8SNOW,
「さっぽろ雪まつり」
記念局, 受信します.

呼ぶ側!

JA6QRZ

JA6QRZ, こんにちは.
59で入感です.
QSLカードは一方的に
ビューローです,
どうぞ

8J8SNOW こちらは JA6QRZ.
了解です.
こちら熊本市にも59で
来ておりました.
ありがとうございました.

了解です,
ありがとうございました.
他, 入感局いらっしゃいますか.
8J8SNOW,
「さっぽろ雪まつり」記念局,
受信します.

図4-3　国内交信 記念局とのショートQSO
珍しいJCC/JCGから運用する局との交信や記念局との交信では, ショートQSOがよく聞かれます

国内コンテストでの交信

CQを出す側!

CQ こちらは JL8AQH,
オールJAコンテスト.

呼ぶ側!

JA8QRX

JA8QRX, こんばんは.
59 0101Mです, どうぞ.

了解です.
こちらから59 0114Mです,
ありがとうございました

ありがとうございました.
CQ こちらは JL8AQH,
オールJAコンテスト

図4-4　国内コンテストでのショートQSOの一例
コンテストとは決められた時間内にどれだけ多くの局と交信できるかを競うもので, コンテストの交信ではコールサインとコンテスト・ナンバーのみを交換します. HFでの交信に慣れるには何度かコンテストに参加してみるのがお勧めです. また, コンテストでは信号の強さによらず59を送ることが慣例となっています

コラム4-1　QSLカードは一方的にビューローで, というのはなに?

　国内交信でよく聞かれる文言で, こちらからQSLカードを送る必要はないという意味です. コールサインが8J, 8Nなどから始まる記念局との交信でよく聞かれる文言です. 相手局のQSLカードはビューロー経由で送られてきます.

写真4-A　記念局からのQSLカード
左上から愛・地球博開催記念, 八木秀次博士生誕120年記念, 南極観測30周年記念

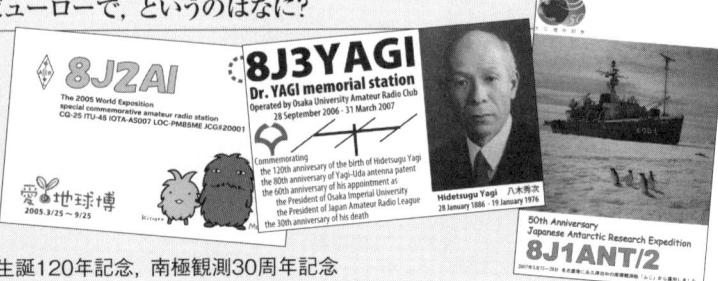

第4章　HFの交信

海外ラバー・スタンプQSO

CQを出す側!

CQ DX CQ DX CQ DX.
This is Juliett Lima Eight Alfa Quebec Hotel, JL8AQH, CQ DX and listening.
（CQ DX CQ DX CQ DX　こちらは　JL8AQH　受信します）

呼ぶ側!

JL8AQH this is Whiskey Two Quebec Romeo Victor W2QRV over.
（JL8AQH　こちらは　W2QRV、どうぞ）

Whiskey Two Quebec Romeo Victor this is JL8AQH.（W2QRV　こちらは　JL8AQH）
Good evening.（こんばんは）Thanks for your call.（お呼び出しありがとうございます）
You are 5 and 9, 59.（あなたの信号は59です）
My name is Jun, Juliett Uniform November, Jun.（私の名前はジュンです）
My QTH is Sapporo, Sierra Alfa Papa Papa Oscar Romeo Oscar, Sapporo.（QTH＝運用場所はサッポロです）
How do you copy?（受信できましたか？）　W2QRV this is JL8AQH over.（W2QRV　こちらは　JL8AQH、どうぞ）

> 相手局の時間に合わせてあいさつできるといいですね．
> 名前，地名などは欧文通話表を用いて2～3回繰り返す．

JL8AQH from W2QRV.（JL8AQH　こちらは　W2QRV）
Good morning and thank you, Jun san.（おはようございます。応答ありがとうございます，ジュンさん）
You are also 5 and 9, 59 here in New York.（あなたの信号も59でニューヨークに届いています）
My handle is Bob, Bravo Oscar Bravo. Bob is my handle.（私のハンドルネームはボブです）
I am running 100W into 5-element Yagi up about 60 feet.（こちらは100Wに18m高の5エレ八木アンテナで運用しています）　The WX here is sunny and temperature is about 20 degree Celsius.（天気は晴れ，気温は20度です）　QSL card is OK via the bureau.（QSLカードはビューロー経由でOKです）
Back to you, Jun.（ジュンさん、お返しします）
JL8AQH this is W2QRV go ahead.（JL8AQH　こちらは　W2QRV、どうぞ）

> 海外の局から名前にさん付けされることもよくあります．
> 温度も摂氏（℃）の場合と，華氏（°F）の場合があります．
> アメリカの局は高さをフィートで伝えてきます．

W2QRV this is JL8AQH.（W2QRV　こちらは　JL8AQH）　Good copy Bob.（了解です，ボブ）
Thanks for 59 report from New York.（ニューヨークから59のレポートをありがとうございます）
It is snowing here in Sapporo and temperature is minus 10 degree Celsius. Very cold.
（こちらサッポロでは雪が降っていて、気温はマイナス10度です。とても寒いですよ）
Here I am using YAESU FT-1000MP MARK-V, running with 200W into a homebrew dipole at 10 meters high.
（私の無線機はヤエスのFT-1000MP MARK-Vで200W、10m高のダイポール・アンテナに給電しています）
QSL is also OK via the bureau.（QSLカードはこちらもビューロー経由で送ります）
Thank you Bob for a nice contact.（交信ありがとうございました、ボブ）
I hope to see you again on the bands.（またお会いしましょう）
W2QRV this is JL8AQH 73！（W2QRV　こちらは　JL8AQH　73！）

> RIG（無線機）の名前を紹介するのも一般的です

Roger, Jun.（了解です，ジュン）　JL8AQH from W2QRV.（JL8AQH　こちらは　W2QRV）
Thanks for the first contact, Jun.（初めての交信ありがとうございました）
I hope to see you again soon.（またお会いしましょう）
Good DX and have a nice weekend.（DX交信を楽しんでください．よい週末を）
JL8AQH this is W2QRV, 73 from New York.（JL8AQH　こちらは　W2QRV、ニューヨークから73）

> 週末にはこんな表現もよく聞かれます．

図4-5　海外局とのラバー・スタンプ交信例
海外交信におけるラバー・スタンプQSOは，国内交信の場合と同じで，コールサイン，RSレポート，名前（ハンドル・ネーム），運用場所などを交換します．それに引き続き，無線設備，天気などの話題が続きます

DXペディション局との交信

Zulu Lima Eight X-ray, ZL8X, five to ten up.
（こちらはZL8X アップ5～10kHzを受信します）

DXペディション局の多くは，CQを省略することが多い．

5～10kHz上を受信しています
＝こちらは5～10kHz上で呼ぶスプリット運用

呼ぶときはコールサインをフォネティック・コードで1回だけ送信します．

JL8AQH

JL8AQH, 59.

コールサインとレポートのみが返ってきます．

こちらからはレポートを返します．お礼の一言をつけましょう．

59. Thank you.
（59です．ありがとう）

Thanks. ZL8X, five to ten up.

この"Thanks"には「了解」の意味も込められています．

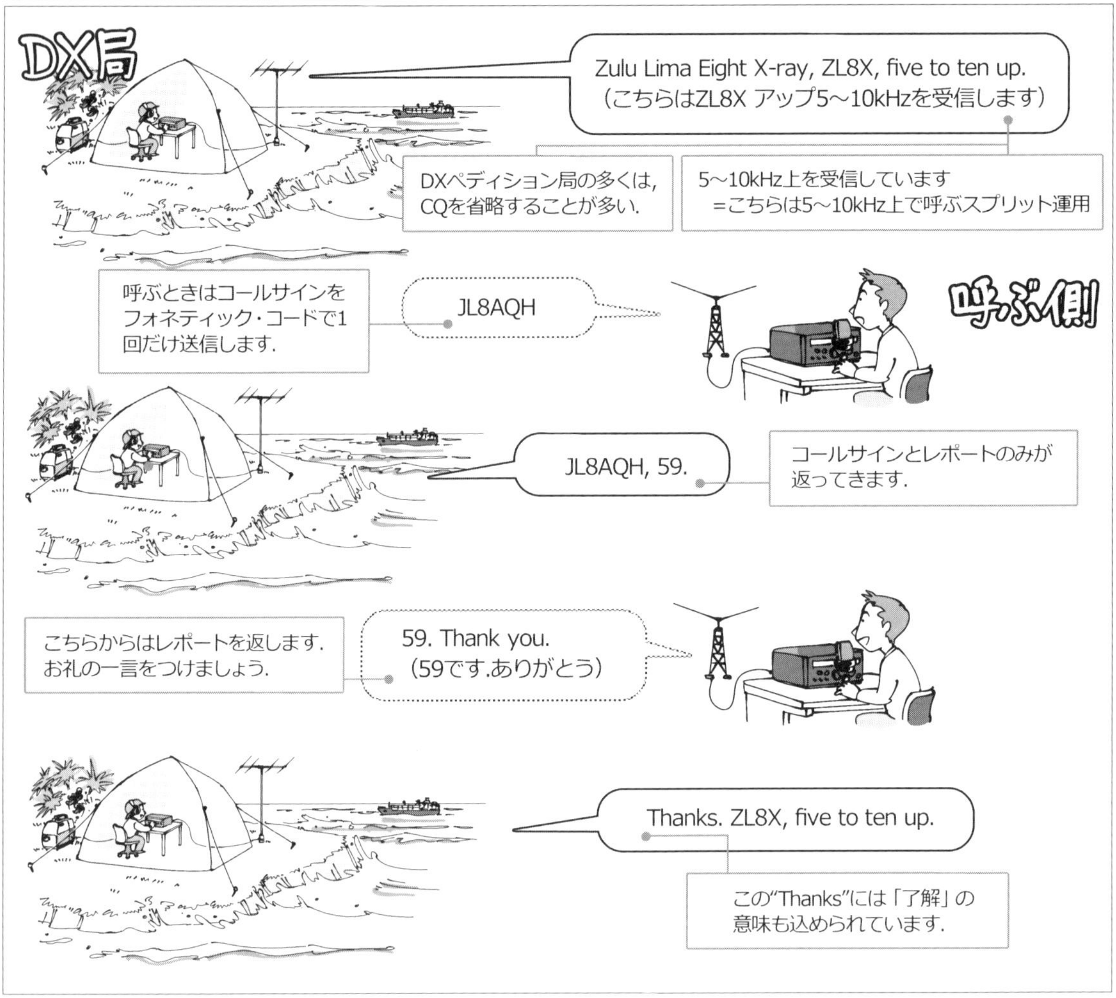

図4-6　DXペディション局との交信例
DXペディションとは，無線運用の少ない世界の国・地域へ出かけて行き無線を運用することです．珍しいところから電波を出しているため，たくさんの局に呼ばれます．そのため，多くの局と交信できるようにコールサインとレポートのみを交換するショートQSOのスタイルで交信が進められます．
HFハイバンドの14.195MHz，18.145MHz，21.295MHz，24.945MHz，28.495MHzはDXペディション局が好んで運用する周波数で，テンポの良い交信が聞こえてきます

コラム4-2　　ハンドル・ネーム

　ハンドル・ネームとは，日本語で言うあだ名（愛称）のようなもので，国を問わず，たいてい名前の一部をとって短くしてつけます．ハンドル・ネームはSSBの海外交信とCW交信で頻繁に使われます．HF交信に入門する前にご自分のハンドル・ネームを考えておきましょう．

　たとえば名前がJUNGOROであれば，JUNあるいはGOROという2種類のハンドル・ネームが考えられます．どちらか好きなほうを選んで使えばよいでしょう．CWの場合は打ちやすさも重要です．ちなみに筆者のように名前がJUNの場合はこれ以上短くできません．

第4章　HFの交信

海外コンテストでの交信

CQを出す側!

Oscar Hotel Zero Bravo, OH0B contest.
（OH0B　コンテスト）
→ コンテストでもCQを言わないことが多いです．

呼ぶ側!

呼ぶときはコールサインをフォネティック・コードで1回だけ送信します．
JL8AQH

JL8AQH, five nine fifteen.
（JL8AQH 59 15）
→ コールサインとコンテスト・ナンバーのみが返ってきます．

コールサインを正しくコピーされたら，こちらからはコンテスト・ナンバーのみを送信します．
Five nine twenty five.
（59 25）

Thanks. OH0B, contest.
→ この"Thanks"には「了解」の意も込められています．

図4-7　海外コンテストでのショートQSOの例
海外のコンテストでも1分1秒を有効に使い，なるべく多くの局と交信するために，コールサインとコンテスト・ナンバーのみを交換します．なるべくスマートな交信を心がけましょう

OH0XのQSLカード
写真のQSLカードは何をモチーフにしたものだかわかるでしょうか．これはタワーに設置した複数の八木宇田アンテナを下から撮ったもので，フィンランドのヘルシンキ沖にあるオーランド諸島のコンテスト局のものです．コンテストでは，このような大きなアンテナを備えた局が強力な信号を送り込んできます．また，これらの局は高い受信能力を備えており，こちらの弱い電波（QRP 5Wで呼ぶなど）を一発でコピーしてきます．

コラム4-3　コールサインはフル・コールで

　フル・コールとは，フル・コールサイン（full call sign）のことで，コールサイン全部という意味です．
　国内交信や海外交信の一部で，コールサインの後ろ半分であるサフィックスのみで呼び出しを行う局がいますが，これはご法度です．電波法云々の前に，サフィックスのみをコピーしても結局プリフィックスを聞き返さなければならず，二度手間です．フル・コールで呼べば1回でコールサインをコピーでき，そのぶん早く交信が済み，より多くの局と交信できるはずです．そのため，国内交信でも海外交信でも呼び出しは必ずフル・コールで行いましょう．

JL8	AQH
プリフィックス	サフィックス

地域指定（SSB）

DXペディションの運用を聞いていると，**図4-8**にあるように「ヨーロッパのみ，5kHzから10kHz上で呼んでください」という地域指定を聞くことがあります．

このようにヨーロッパが指定されている場合，ヨーロッパに属する局以外は送信を中止し，指定がなくなるまで待機します．

このような地域指定は交信の難しいエリアと効率的に交信するためにしばしば使われます．日本から交信の難しいカリブ海やアフリカの局は"ONLY JAPAN"を連呼してくれることがあり，そのようなときは日本の局にとってチャンスです．

図4-8 地域指定

洋上にぽつりと浮かぶ小さな島．写真は南半球ケルマディック諸島へのDXペディションのもの．上陸・アンテナ設営・無線局構築をこなして，交信を熱望する世界中のアマチュア局の期待にこたえる

第4章　HFの交信

SSB運用便利帳

■ 通話表

SSBの交信では，聞き間違いを防ぎ正確に情報を伝達するために欧文通話表（フォネティック・コード）・和文通話表が使われます．

たとえばコールサインや名前，QTHなど一字一句正確に伝えるべき内容を送信するとき，あるいは伝達内容を反復したりする必要があるときに通話表を利用します．欧文通話表は世界共通，和文通話表は日本共通で，航空無線をはじめとした業務無線の世界でも使われています．

■ 欧文通話表（フォネティック・コード）

欧文通話表（**表4-1**）はコールサインなどのアルファベットを表現するもので，A〜Zまでそれぞれに対応する言い方が決められています．まずは自分のコールサインを言えるようにしましょう．

実際の交信では欧文通話表と異なる言い方が聞かれますが，混乱を招いたり通じなかったりすることも多いため，欧文通話表どおりに発音することをお勧めします．通話表と異なる言い方に関しては，聞いて理解できる程度にして，自分からは使わないのが吉です．

さて，欧文通話表を用いてコールサインを言う

表4-1　欧文通話表（フォネティック・コード）

A	ALFA	N	NOVEMBER
B	BRAVO	O	OSCAR
C	CHARLIE	P	PAPA
D	DELTA	Q	QUEBEC
E	ECHO	R	ROMEO
F	FOXTROT	S	SIERRA
G	GOLF	T	TANGO
H	HOTEL	U	UNIFORM
I	INDIA	V	VICTOR
J	JULIETT	W	WHISKEY
K	KILO	X	X.RAY
L	LIMA	Y	YANKEE
M	MIKE	Z	ZULU

と次のようになります．

- 「JL8AQH」の場合

  Juliett Lima Eight Alfa Quebec Hotel

  また，海外交信で名前やQTHを紹介するときも欧文通話表を用いて2〜3回反復します．

- ハンドル・ネームが「ジュン」だと紹介する場合

  My name is Jun, Juliett Uniform November.

- QTHが「札幌」だと紹介する場合

  QTH is Sapporo, Sierra Alfa Papa Papa Romeo Oscar.

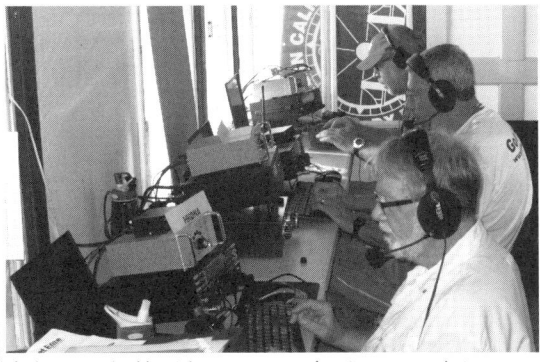

南米コロンビア沖に浮かぶマルペロ島からのDXペディション．このDXペディションは多国籍チームで運用された．同時に複数のバンドで運用を行う大規模DXペディションで，右の写真はSSBのパイルアップをさばくオペレーターたち

■ 和文通話表

和文通話表（**表4-2**）は日本国内との交信で使用するもので、五十音それぞれに言い方が割り当てられています。日本語で名前やQTHを紹介するときによく使います。

自分の名前とQTHを和文通話表で表現できるように練習してみましょう。

- 名前が「まえだ」の場合
  マッチのマ　英語のエ　煙草のタに濁点
- QTHが「札幌」の場合
  桜のサ　つるかめのツ　保険のホに半濁点　ローマのロ

表4-2 和文通話表

● 文字

ア	朝日のア	ツ	鶴亀のツ	モ	もみじのモ
イ	いろはのイ	テ	手紙のテ	ヤ	大和のヤ
ウ	上野のウ	ト	東京のト	ユ	弓矢のユ
エ	英語のエ	ナ	名古屋のナ	ヨ	吉野のヨ
オ	大阪のオ	ニ	日本のニ	ラ	ラジオのラ
カ	為替のカ	ヌ	沼津のヌ	リ	りんごのリ
キ	切手のキ	ネ	ねずみのネ	ル	るすいのル
ク	クラブのク	ノ	野原のノ	レ	れんげのレ
ケ	景色のケ	ハ	はがきのハ	ロ	ローマのロ
コ	子供のコ	ヒ	飛行機のヒ	ワ	わらびのワ
サ	桜のサ	フ	富士山のフ	ヰ	ゐどのヰ
シ	新聞のシ	ヘ	平和のヘ	ヱ	かぎのあるヱ
ス	すずめのス	ホ	保険のホ	ヲ	尾張のヲ
セ	世界のセ	マ	マッチのマ	ン	おしまいのン
ソ	そろばんのソ	ミ	三笠のミ	゛	濁点
タ	煙草のタ	ム	無線のム	゜	半濁点
チ	千鳥のチ	メ	明治のメ		

● 数字

1	数字のひと
2	数字のに
3	数字のさん
4	数字のよん
5	数字のご
6	数字のろく
7	数字のなな
8	数字のはち
9	数字のきゅう
0	数字のまる

国内交信では記念局との交信が楽しみの一つになるだろう。きれいなQSLカードが届くのもさらにうれしい

第4章　HFの交信

■ よく使われるQ符号

表4-3はHFの交信でよく使われるQ符号リストです．ここにあげたものは国内・海外交信のどちらでも多用されます．QTHやQSO，QSLなどは交信中に何度も出てくるのですぐにわかるようになると思います．

このほかによく使われるのは信号の状態を表すQ符号です．たとえば「57 QSB」は信号に浮き沈み（フェーディング）があるがピークで57であることを，「59 QRM」は，信号は59だが混信があることを表します．

■ RSレポートの送り方

RSレポートは，「了解度」と「信号強度」の二つの要素からなっています．了解度は，内容をすべて了解できれば5を送ります．Sは無線機のSメータを参考にして送ると良いでしょう．

実際の運用上，Sメータを見ずに感覚的な基準でRSレポートを送ることも多くあります．そのような場合，おおむね強い信号で8割がた了解できれば59，弱くてちょっと了解が難しいこともある場合は55，何回も反復してかろうじて了解できるほど弱い場合は43を送ります（筆者の感覚の例）．

また，コンテスト交信やDXペディション局との交信などのショートQSOでは，実際の了解度や信号強度に関係なく，慣例的に"59"を送ることになっています．

表4-3　HFの交信でよく使われるQ符号

信号に関する説明として使われるもの	
QRM	混信がある
QRN	空電がある
QSB	フェージングがある
運用に関するもの	
QRT	運用を終了する
QRV	運用を開始する
QRX	運用を中断する（QRX 5 MIN = 5分間中断）
QSY	他のバンド・モードへ移動する，周波数を変更する
交信中によく使うもの	
QRZ？	誰がお呼びですか？（呼ばれていることはわかるがコールサインがわからないときに使う）
QSL	QSLカード
QSO	交信
QTH	運用場所
そのほかよく聞くもの	
QRO	送信出力を上げる，大きな出力
QRP	5W以下などの小さな出力
QSL	了解

R　　　　S
5　　　　9
↑　　　　↑
完全に了解できる　　きわめて強い信号

了解度(R)	
5	完全に了解できる
4	実用上困難なく了解できる
3	かなり困難だが了解できる
2	かろうじて了解できる
1	了解できない
信号強度(S)	
9	きわめて強い信号
8	強い信号
7	かなり強い信号
6	適度な強さの信号
5	かなり適度な強さの信号
4	弱いが容易に受信できる信号
3	弱い信号
2	きわめて弱い信号
1	微弱でかろうじて受信できる信号

図4-9　RSレポートと意味

4-3 CWによる実際の交信

モールス符号を覚えたら，HFのCWの世界を覗いてみましょう．CWによる交信って難しそうと思われるかもしれませんが，自分の聞き取れるスピードで交信する限り何のことはありません．略語を使って交信するため，内容自体は短く簡単です．もちろん交信内容・順番はSSBの場合とほとんど変わりません．

はじめてのCW交信

■ 実際のCW交信を聞いてみよう

まず，HF帯で実際に行われている交信を聞いて，どのような内容・順序で交信が進められているのかを掴んでおきましょう．おおむね本章でご紹介している交信例のとおりに進行しますが，文字で見るのとモールス符号を聞くのとではだいぶ感覚が異なると思います．モールス符号のリズムに慣れるためにも，実際のCW交信を何度も聞いてみましょう．

■ 受信内容を書き取ろう

CW運用に慣れないうちは受信内容を紙に書き取るとよいでしょう．書き取ることでより受信に集中できますし，何回も書き取っているうちに慣れてきて，安心感も得られるようになると思います．書き取る際は，一字一句書き取ることから始めて，慣れてきたらコールサインやRST，名前やQTHなどを箇条書きにメモする程度にします．ここまで来たら，受信はもう大丈夫です．

■ 送信スピードはゆっくり

パドルを使ってCW交信を行う場合，スピードはエレキー側で自在に調整できます．送信スピードは，落ち着いてミスなく打電できる程度に調整します．最初は実力の8割程度のスピードにしておくといいでしょう．また，相手局のスピードが自分の打電速度より遅い場合，そちらのスピードに合わせます．

もし相手局のスピードが速く，受信が難しく感じたら"PSE QRS（送信スピードを遅くしてください）"と打ちましょう．これは何も失礼なことではありませんので，正直に依頼するのが吉です．また，将来自分が"PSE QRS"を打たれたときも快くスピードを落としてあげてください．

■ 送信内容を見ながら打つ

最初のうちは，あらかじめラバー・スタンプQSOの内容を印刷しておき，それを見ながら送信するとよいでしょう（p.102，資料編-01）．送信電文を用意しておくことで，次に何を打てばよいのか，あわてることもありません．電文を見ずに送信できるようになれば，晴れて一人前です．

■ 聞き返されたときは繰り返す

コンディションによってはこちらのコールサインや名前，QTHなどを相手がコピーできず，聞き返されることがあります．あるいは，コールサインを部分的に間違ってコピーされることもあるでしょう．そのようなときは，相手にコピーしてもらいたい部分を2～3度繰り返して送信します．たとえば，"JL8AQH"というコールサインを誤って"JL8AQS"とコピーされたときは，"JL8AQH AQH AQH"というように訂正してほしいところを繰り返します．また，"UR NAME ?（あなたの名前は何ですか）"と聞かれた場合は，"NAME JUN JUN JUN（名前はジュンです）"のように反復するとよいでしょう．

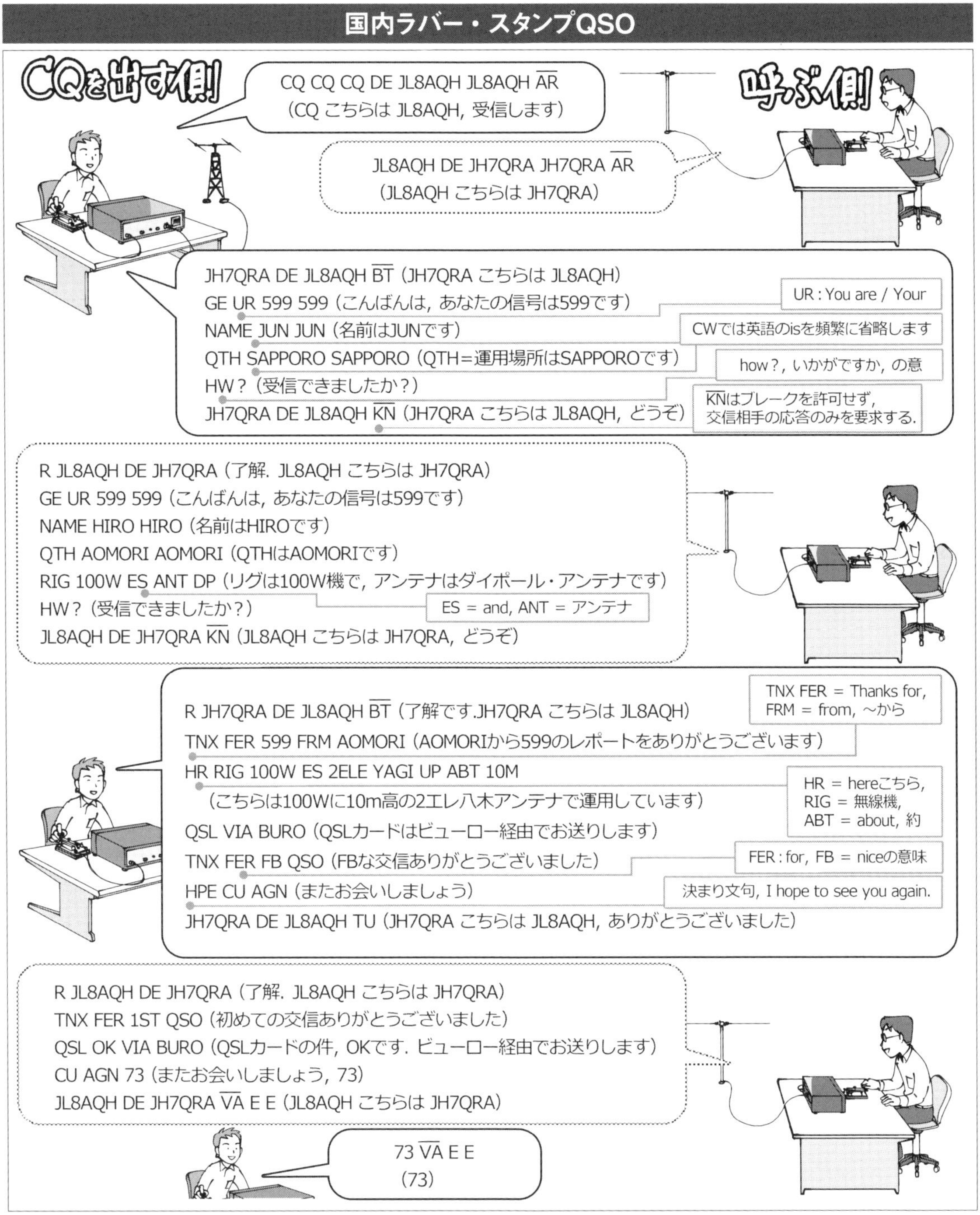

第4章　HFの交信

国内ラバー・スタンプQSO

CQを出す側

CQ CQ CQ DE JL8AQH JL8AQH A̅R̅
（CQ こちらは JL8AQH, 受信します）

呼ぶ側

JL8AQH DE JH7QRA JH7QRA A̅R̅
（JL8AQH こちらは JH7QRA）

JH7QRA DE JL8AQH B̅T̅（JH7QRA こちらは JL8AQH）
GE UR 599 599（こんばんは，あなたの信号は599です）
NAME JUN JUN（名前はJUNです）
QTH SAPPORO SAPPORO（QTH=運用場所はSAPPOROです）
HW？（受信できましたか？）
JH7QRA DE JL8AQH K̅N̅（JH7QRA こちらは JL8AQH, どうぞ）

- UR：You are / Your
- CWでは英語のisを頻繁に省略します
- how？，いかがですか，の意
- K̅N̅はブレークを許可せず，交信相手の応答のみを要求する．

R JL8AQH DE JH7QRA（了解. JL8AQH こちらは JH7QRA）
GE UR 599 599（こんばんは，あなたの信号は599です）
NAME HIRO HIRO（名前はHIROです）
QTH AOMORI AOMORI（QTHはAOMORIです）
RIG 100W ES ANT DP（リグは100W機で，アンテナはダイポール・アンテナです）
HW？（受信できましたか？）
JL8AQH DE JH7QRA K̅N̅（JL8AQH こちらは JH7QRA, どうぞ）

- ES = and，ANT = アンテナ

R JH7QRA DE JL8AQH B̅T̅（了解です. JH7QRA こちらは JL8AQH）
TNX FER 599 FRM AOMORI（AOMORIから599のレポートをありがとうございます）
HR RIG 100W ES 2ELE YAGI UP ABT 10M
　（こちらは100Wに10m高の2エレ八木アンテナで運用しています）
QSL VIA BURO（QSLカードはビューロー経由でお送りします）
TNX FER FB QSO（FBな交信ありがとうございました）
HPE CU AGN（またお会いしましょう）
JH7QRA DE JL8AQH TU（JH7QRA こちらは JL8AQH, ありがとうございました）

- TNX FER = Thanks for，FRM = from，～から
- HR = hereこちら，RIG = 無線機，ABT = about, 約
- FER：for，FB = niceの意味
- 決まり文句，I hope to see you again.

R JL8AQH DE JH7QRA（了解. JL8AQH こちらは JH7QRA）
TNX FER 1ST QSO（初めての交信ありがとうございました）
QSL OK VIA BURO（QSLカードの件，OKです．ビューロー経由でお送りします）
CU AGN 73（またお会いしましょう, 73）
JL8AQH DE JH7QRA V̅A̅ E E（JL8AQH こちらは JH7QRA）

73 V̅A̅ E E
（73）

図4-10　欧文モールスによる国内交信の例
CW交信のようすを文字で表すとどうしても無味乾燥になってしまいますが，一行一行をじっと見てみると，難しいことを言っているわけではないことがわかります．交信例で内容を把握したら，次は実際の交信を聞いてみて「モールスのリズム」に慣れていきましょう

国内ショートQSO

CQを出す側!

CQ JL8AQH/7 JCC 0205 AR
（CQ こちらは JL8AQH/7 JCC 0205移動，受信します）

呼ぶ側!

JA8QRX
（JA8QRX）

JA8QRX GA 599 BK
（JA8QRX，こんにちは．599です，どうぞ）

BKはコールサインの標示を省略して手短に相手に返すときに使います

実際は599を5NNのように短縮形で打ちます

BK UR 599 TU
（同じく599です，ありがとうございました）

BKでかえされたらBKで受けるとよいでしょう

73 DE JL8AQH/7 JCC 0205
（73，こちらは JL8AQH/7 JCC 0205）

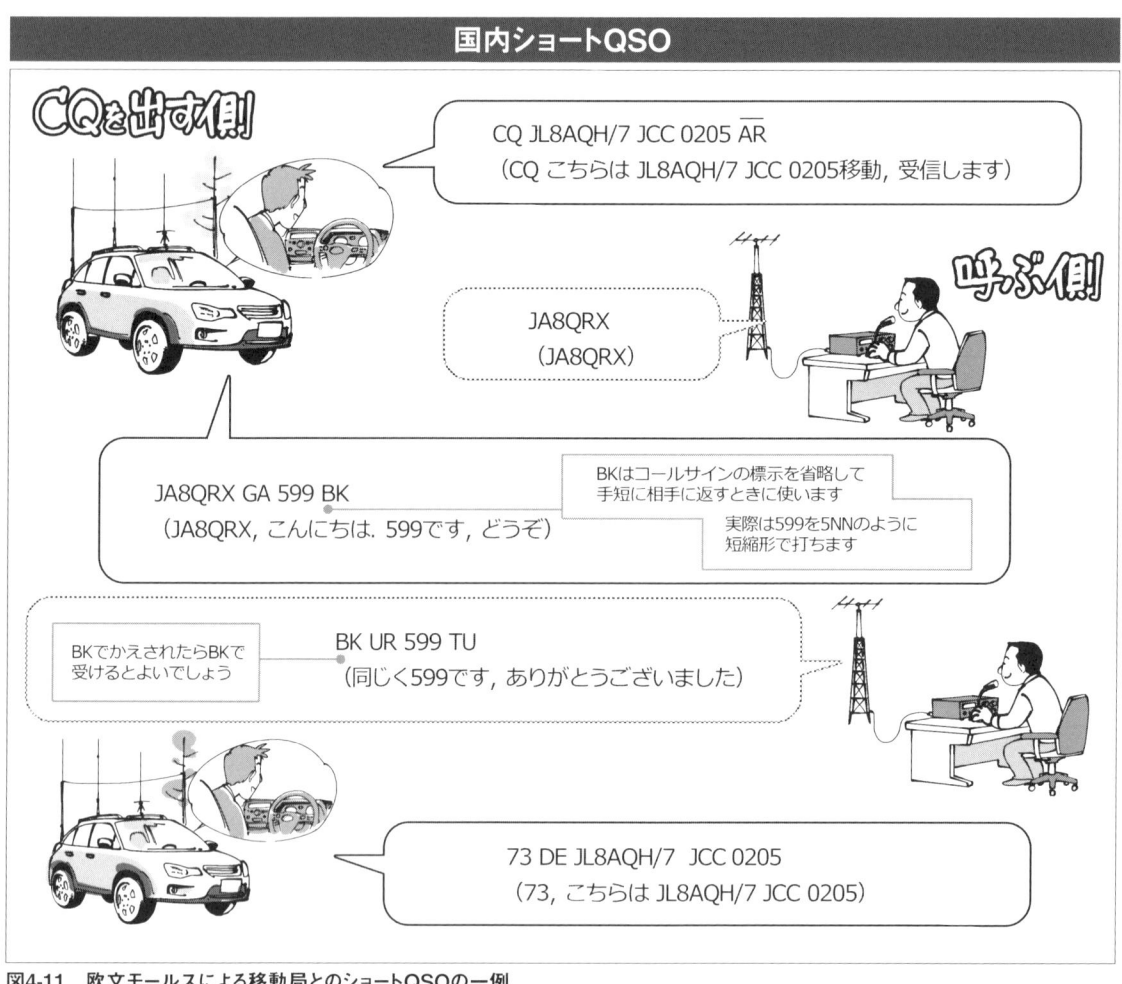

図4-11　欧文モールスによる移動局とのショートQSOの一例
CWのショートQSOはコールサインとレポートを交換して終了し，ものの数秒で交信が終わってしまうことも多くあります．ショートQSOは，休日の7MHzや10MHzで移動局が好んで使う交信スタイルです

写真は国内移動局の運用風景の例．好きなロケーションに自在に無線局を展開できるのが強み．自宅で思いっきり無線ができない場合はなおさらだろう．移動局と交信するのも楽しいが，自分が移動局になってみるのもおもしろいだろう

第4章　HFの交信

国内コンテストでの交信

CQを出す側!

CQ JA8QRX TEST
（CQ JA8QRX コンテスト）
→ コンテストに参加しているときは最後にTESTを打ちます

呼ぶ側!

JL8AQH
（JL8AQH）
→ 呼び出しは基本的に1回のみ

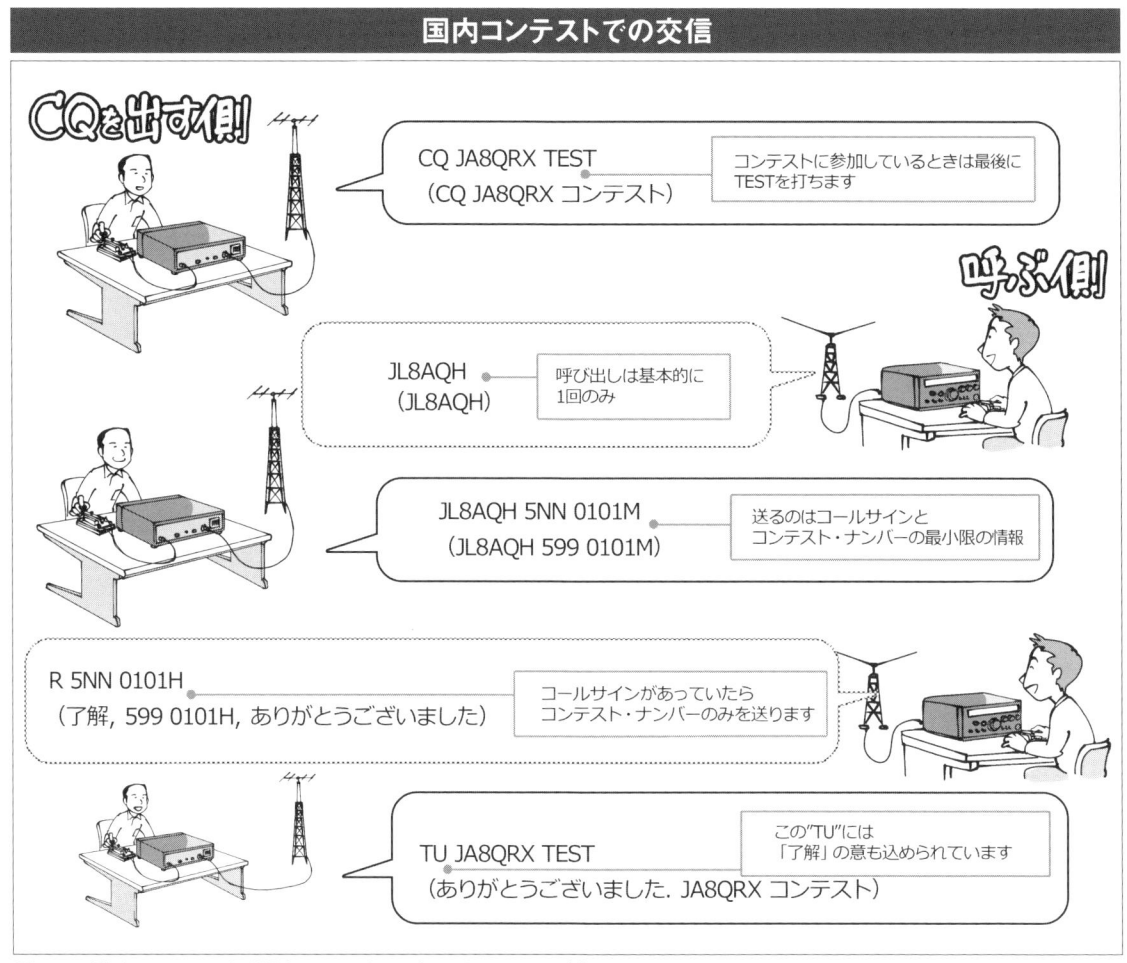

JL8AQH 5NN 0101M
（JL8AQH 599 0101M）
→ 送るのはコールサインとコンテスト・ナンバーの最小限の情報

R 5NN 0101H
（了解, 599 0101H, ありがとうございました）
→ コールサインがあっていたらコンテスト・ナンバーのみを送ります

TU JA8QRX TEST
（ありがとうございました, JA8QRX コンテスト）
→ この"TU"には「了解」の意も込められています

図4-12　欧文モールスによる国内コンテストでのショートQSOの一例
CWの国内コンテストに参加する場合の交信例です．CWでは，コンテストに参加している局がCQを出すとき，CQのおわりに"TEST"を付けます

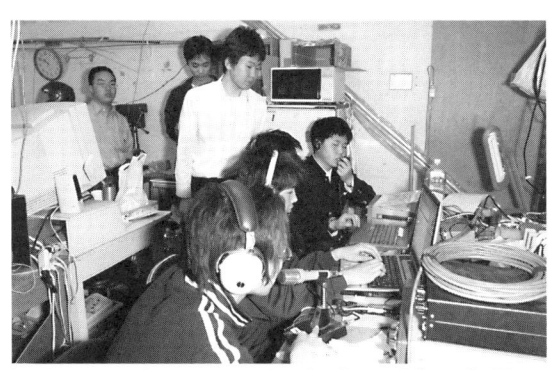

国内コンテストに参加するクラブ局の風景．コンテストはHFの交信技術を磨くのに最適だろう．あまり肩に力を入れすぎず，まずは覗いてみる程度でよいので，コンテストにぜひ参加してみよう

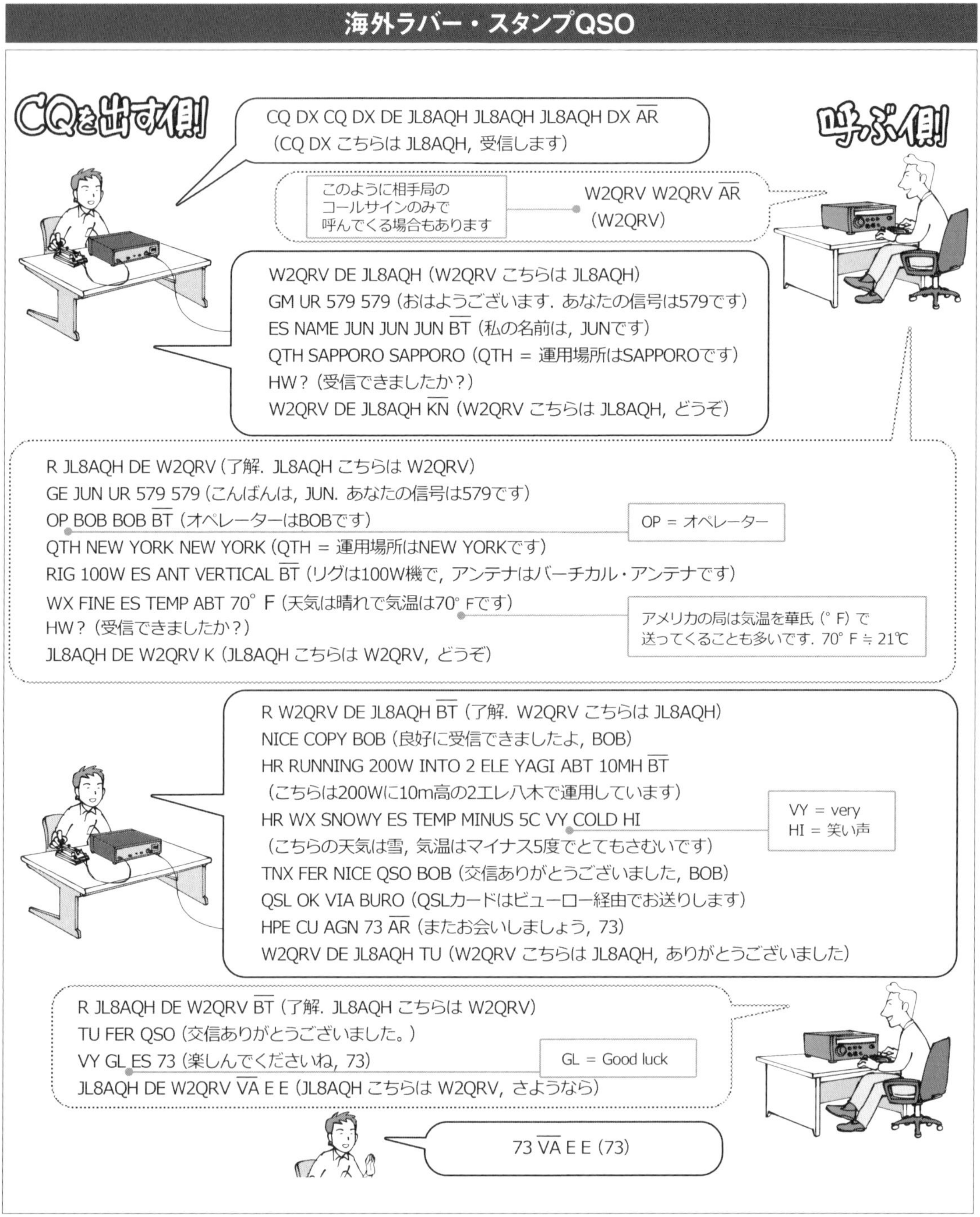

海外ラバー・スタンプQSO

CQを出す側!

CQ DX CQ DX DE JL8AQH JL8AQH JL8AQH DX $\overline{AR}$
(CQ DX こちらは JL8AQH, 受信します)

呼ぶ側!

このように相手局のコールサインのみで呼んでくる場合もあります

W2QRV W2QRV $\overline{AR}$
(W2QRV)

W2QRV DE JL8AQH (W2QRV こちらは JL8AQH)
GM UR 579 579 (おはようございます. あなたの信号は579です)
ES NAME JUN JUN JUN $\overline{BT}$ (私の名前は, JUNです)
QTH SAPPORO SAPPORO (QTH = 運用場所はSAPPOROです)
HW？(受信できましたか？)
W2QRV DE JL8AQH $\overline{KN}$ (W2QRV こちらは JL8AQH, どうぞ)

R JL8AQH DE W2QRV (了解. JL8AQH こちらは W2QRV)
GE JUN UR 579 579 (こんばんは, JUN. あなたの信号は579です)
OP BOB BOB $\overline{BT}$ (オペレーターはBOBです)
QTH NEW YORK NEW YORK (QTH = 運用場所はNEW YORKです)
RIG 100W ES ANT VERTICAL $\overline{BT}$ (リグは100W機で, アンテナはバーチカル・アンテナです)
WX FINE ES TEMP ABT 70°F (天気は晴れで気温は70°Fです)
HW？(受信できましたか？)
JL8AQH DE W2QRV K (JL8AQH こちらは W2QRV, どうぞ)

OP = オペレーター

アメリカの局は気温を華氏 (°F) で送ってくることも多いです. 70°F ≒ 21℃

R W2QRV DE JL8AQH $\overline{BT}$ (了解. W2QRV こちらは JL8AQH)
NICE COPY BOB (良好に受信できましたよ, BOB)
HR RUNNING 200W INTO 2 ELE YAGI ABT 10MH $\overline{BT}$
(こちらは200Wに10m高の2エレ八木で運用しています)
HR WX SNOWY ES TEMP MINUS 5C VY COLD HI
(こちらの天気は雪, 気温はマイナス5度でとてもさむいです)
TNX FER NICE QSO BOB (交信ありがとうございました, BOB)
QSL OK VIA BURO (QSLカードはビューロー経由でお送りします)
HPE CU AGN 73 $\overline{AR}$ (またお会いしましょう, 73)
W2QRV DE JL8AQH TU (W2QRV こちらは JL8AQH, ありがとうございました)

VY = very
HI = 笑い声

R JL8AQH DE W2QRV $\overline{BT}$ (了解. JL8AQH こちらは W2QRV)
TU FER QSO (交信ありがとうございました。)
VY GL ES 73 (楽しんでくださいね, 73)
JL8AQH DE W2QRV $\overline{VA}$ E E (JL8AQH こちらは W2QRV, さようなら)

GL = Good luck

73 $\overline{VA}$ E E (73)

図4-13 海外交信・ラバー・スタンプQSOの一例
海外交信のラバー・スタンプQSOも国内交信のものとほとんど変わらず, 交信の流れは一緒です. 違うところは, 相手局のコールサインが日本のコールサインではないことと, 名前, QTHくらいです. これがCWによる海外交信がSSBよりも簡単な理由です

第4章　HFの交信

DXペディション局との交信

DX局

CQ VP8ORK UP
（CQ　VP8ORK　アップを受信します）

CWでUPといえば，1kHz以上離れた上で呼びます

呼ぶ側

コールサインは一度のみ → JL8AQH
（JL8AQH）

JL8AQH 599
（JL8AQH　599）

実際は"5NN"と打ってきます

実際は599ではなく5NNのようにレポートは短縮形を使います

599 TU
（599です，交信ありがとうございます）

TU VP8ORK UP
（ありがとうございました．VP8ORK アップを受信します）

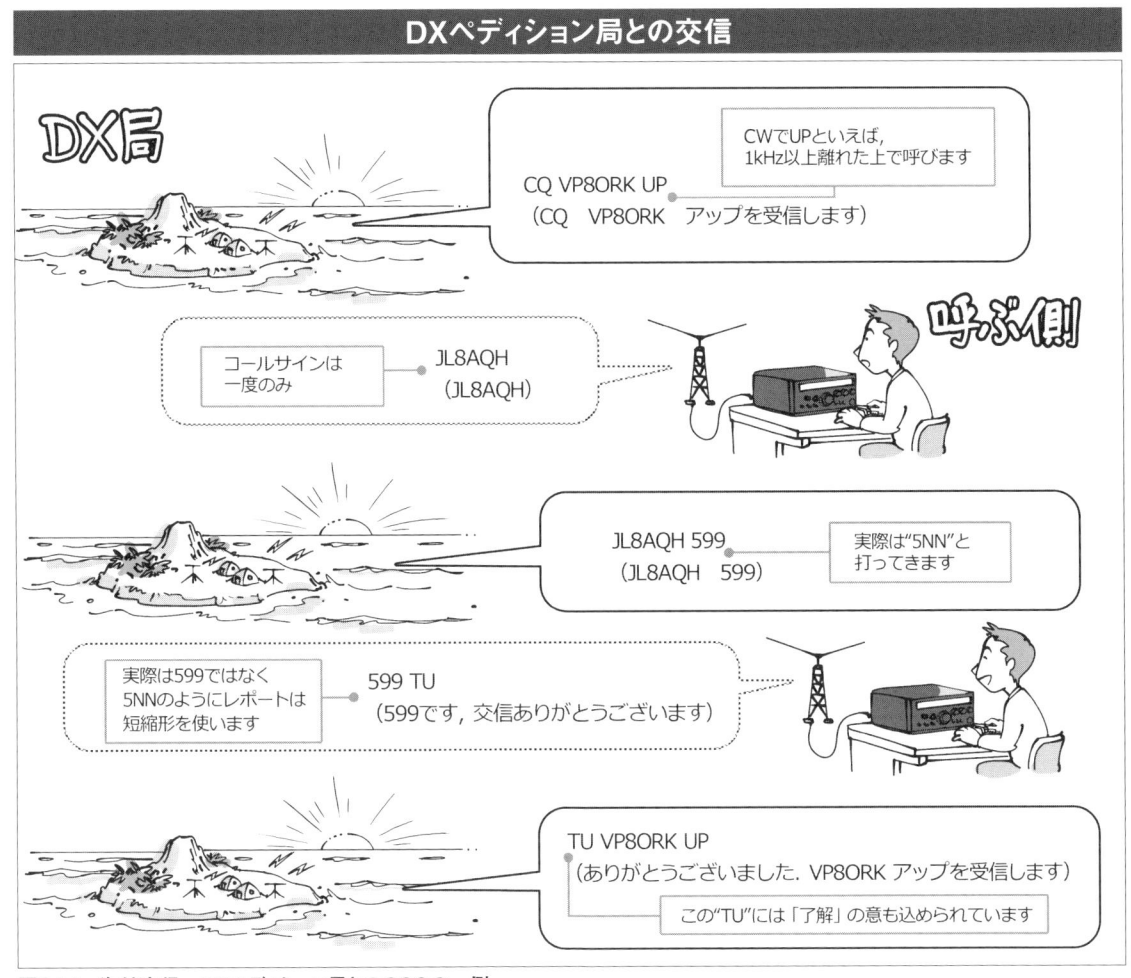

この"TU"には「了解」の意も込められています

図4-14　海外交信・DXペディション局とのQSOの一例
CWによるDXペディション局との交信は高速かつごく短時間で完了します．重要なのは高速CWで応答される自分のコールサインをきちんと受信できるくらいの受信能力です

南極海に浮かぶサウス・オークニー諸島から運用されたVP8ORK．左はシェルター内で世界中からのCWのパイルアップをさばくオペレーター，右は運用サイトのようす

HF通信入門 | 77

海外コンテストでの交信

CQを出す側!

VP2E TEST
（こちらは VP2E, コンテスト）

> 最後がTESTで終わる場合，その局がCQを出しています

呼ぶ側!

> 呼び出しは基本的に1回のみ

JL8AQH

JL8AQH 5NN 8
（JL8AQH 599 8）

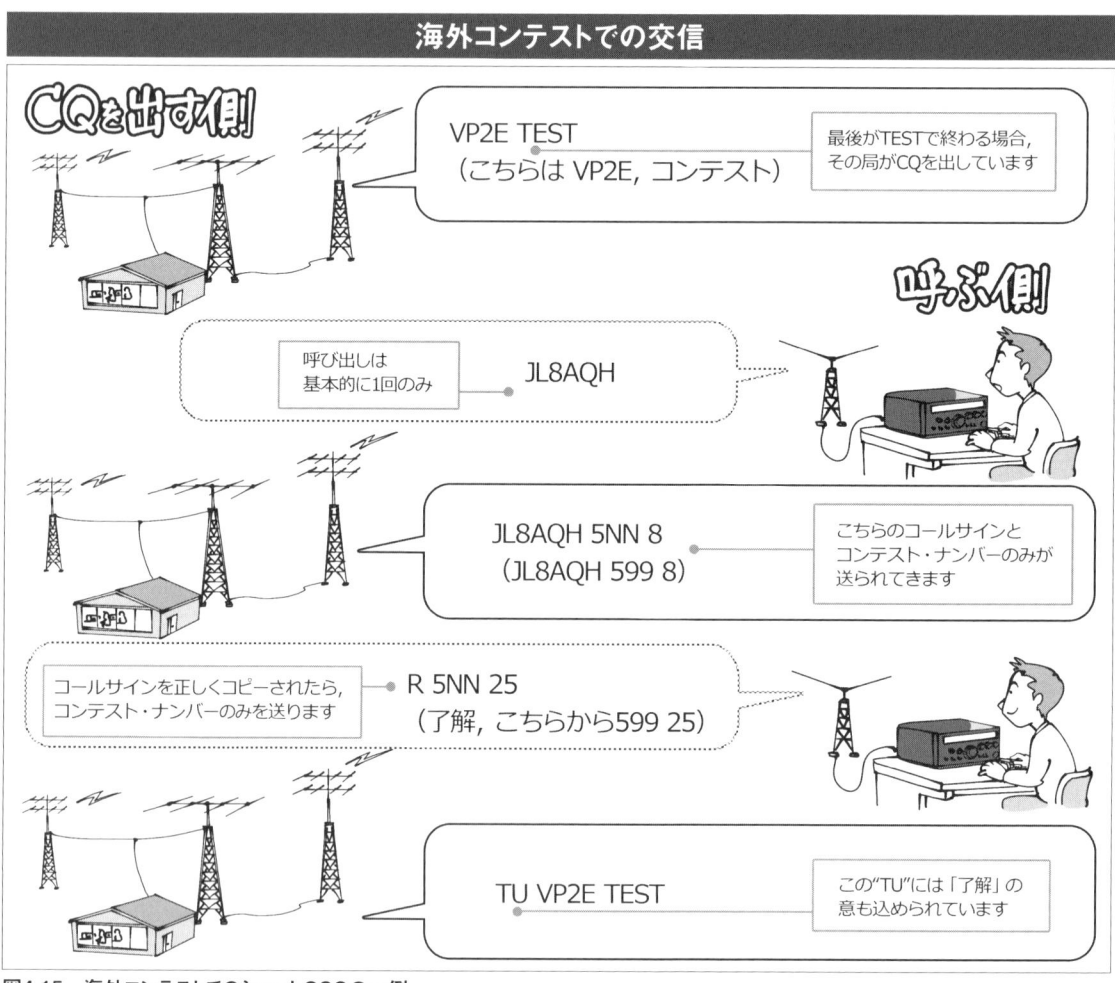

> こちらのコールサインとコンテスト・ナンバーのみが送られてきます

> コールサインを正しくコピーされたら，コンテスト・ナンバーのみを送ります

R 5NN 25
（了解, こちらから599 25）

TU VP2E TEST

> この"TU"には「了解」の意も込められています

図4-15 海外コンテストでのショートQSOの一例
CWの海外コンテストでの交信は，DXペディション局との交信と同様に高速CWで行わます．1分1秒を争うためですが，CWに慣れてきたら海外のCWコンテストで腕を磨くとよいと思います

海外コンテスト局の一例，ベルギーのON4UNのシャックとアンテナ．HFローバンドからハイバンドまでひじょうにアクティブで，強力な信号を送り込んでくる

地域指定（CW）

図4-16にあるように，「こちらはZD9T，日本の局のみ2kHz上で呼んでください」というようにCWでも地域指定がたびたび聞かれます．また，CQ JAのようにCQの後ろに地域名を続けることも多くあります．CWでの地域指定はNA，EUのように大陸名の略語で行われることがほとんどのため，大陸の省略表記になじんでおくことが必要です．大陸の省略表記は次のようになっています．

北米	NA	アジア	AS
南米	SA	ヨーロッパ	EU
オセアニア	OC	アフリカ	AF
南極	ANT	日本	JA

コラム4-5　CQ（不特定多数を呼び出す）を出す前に

HFでの運用に慣れてきたら，今度はCQを出してみましょう．呼ぶ側から呼ばれる側になってみるわけです．どのように交信するかは，今まで見てきた交信例を参考にしてみてください．

CQを出す際に一番大切なことは，これから送信しようとしている周波数が使われていないか確認することです．HF帯では一見何も聞こえないようでも，その周波数で交信が行われている場合があります．HF帯では，いつも交信中の両方の局が聞こえるとは限らず，一方の局しか聞こえないことも多くあります．そのため，これからCQを出そうとしている周波数を十分な時間傍受して，その周波数が交信に使われていないかを事前によく確認します．

CWで周波数の確認を行うには，QRL？ DE JL8AQH（この周波数お使いですか？ こちらはJL8AQH）というように打ちます．

図4-16　CWによる地域指定

コラム4-4　よく出会う地域指定「CQ EU（トッ・トトツー）」

日本からみてオセアニアは，近距離で経路上が海洋であるため総じて信号が強く，交信が容易な地域です．しかし，ヨーロッパの局にとってオセアニアは世界で最も交信が難しい地域です．これはちょうど，日本からカリブ海やアフリカ西部の局と交信するのが難しいことと同じです．

このような事情から，オセアニアの局は頻繁に「CQ EU」を打ちます．CQ EUを受信したら，そっと電鍵から手を離してEU（ヨーロッパ）の局を応援してあげましょう．日本の局もアフリカやカリブ海から運用する局に「CQ JA」という特別枠をもらって交信にこぎつけることも多いのですから．

CW運用便利帳

■ CW略符号

モールス通信では1分あたりに送信できる文字数がどうしても限られます．通常，多くても100～150文字/分が最大でしょう．英文を平文でそのまま送出すると時間がかかるため，CWの運用では頻繁に略符号を使用します（**表4-4**）．

略符号は，その姿からある程度元の形が想像できますので，覚えるのはそれほど難しくはありません．たとえば，「了解」をあらわすのは"R"です．これは英語のRogerの頭文字をとっています．「あ りがとう」はThanksを"TNX"とし，Thank youを"TU"としています．

あいさつはどうでしょうか．「おはよう」はGood morningから"GM"に，「こんにちは」はGood afternoonから"GA"というようにしています．また，「こんばんは」は"GE"に，「おやすみなさい」は"GN"に略されています．ここまできたら，もう元の姿が想像できますね．

このほかにも多くの略符号がありますが，実際の交信を聞きながら理解できるものを少しずつ増やし，自分が交信する際に取り入れて使っていけば徐々に覚えられますので大丈夫です．

表4-4　CW略符号と意味，使用例

ABT	About　約　ABT 25C（約25度）		DR	Dear（敬って）〜さん　DR BOB（ボブさん）
AGN	Again　もういちど　CU AGN（またお会いしましょう）		DX	Distance　遠方，海外　CQ DX（海外局あての一般呼び出し）
ANT	Antenna　アンテナ　ANT DP（アンテナはダイポールです）		ELE	Element　素子，アンテナのエレメント　2ELE YAGI（2素子八木宇田アンテナ）
AR	送信の終了符号		ES	And　そして，また　SUNNY ES HOT（天気が良くて暑い）
AS	送信の待機を要求する　AS AS（少々おまちください，送信をやめてください）		FB	Fine Business　よい，すばらしい　FB WX（いい天気）
BT	文章を区切る符号		FER	For　〜のため，〜を，〜間　TNX FER QSO（交信ありがとう）
B4	Before　前に，以前　QSO B4（（コンテストなどで）交信済み）		GA	Good Afternoon　こんにちは
C	Correct　正しい，その通り　JL8AQH??-C（JL8AQHですか?-そうです，その通りです）		GB	Good Bye　さようなら
			GE	Good Evening　こんばんは
CFM	Confirm　確認する　CFM CALL（コールサインを確認してください）		GM	Good Morning　おはようございます
CL	Close　閉局する　JL8AQH NW CL（JL8AQHこれにて閉局します）		GN	Good Night　おやすみなさい
CONDX	Condition　コンディション　NICE CONDX 2DAY（今日はコンディションがいい）		GUD	Good　よい　GUD SIG（良好な信号，強い信号）
			HH	訂正符号
CQ	各局あての一般呼び出し		HI	笑い声
CU	See you　またお会いしましょう，バイバイ　CU ON 40M（7MHzでお会いしましょう）		HPE	Hope　望む　HPE CU AGN（またお会いしたいとおもいます）
DE	こちらは		HR	Here　こちら　HR QTH KYOTO（こちらの運用場所は京都です）

第4章　HFの交信

HRD	Heard　聞いた, 聞こえた HRD WEAK SIG（弱い信号が聞こえた）	SKED	Schedule　スケジュール SKED QSO（スケジュールQSO）
HVY	Heavy　ひどい　HVY QRN（ひどい空電）	SOS	遭難信号
HW	How　いかが　HW CPY? （受信できましたか?いかがですか?）	SRI	Sorry　残念だ, 申し訳ない　SRI NO CPY （残念ですが, 受信できません）
K	送信してください	STN	Station　局 WKD 200 STN（200局と交信した）
KN	送信してください （他局はブレークしないでください）	TEST	コンテスト
MNI	Many　たくさんの MNI TKS（どうもありがとう）	TNX,TKS	Thanks　ありがとう TKS FER QSO（交信ありがとう）
NIL	Nothing, Not in Log　なにもない, 交信不成立　NIL HR（こちらでは何も聞こえません）	TU	Thank You　ありがとう　TU FER 599 REPT（599のレポートありがとう）
NO	No　いいえ, ちがいます　JL8AQS??−NO （JL8AQSですか?―ちがいます）	TX	Transmitter　送信機 TX ANT（送信アンテナ）
NR	Near, Number　近く, ナンバー NR TOKYO（東京の近く）, UR NR?（（コンテストなどで）ナンバーはいくつですか?）	UR	Your, You are　あなたの, あなたは　UR SIG 599（あなたの信号は599です）
		VA	通信の完了符号
NW	Now　いま, さて　NW HW? （さて, いかがですか?）	VVV	VVV 調整符号
OK	OK　そのとおり, 問題ない	VY	VY Very　とても, たいへん　VY GUD WX（とてもいい天気）
OM	Old Man　（敬って）〜さん　TNX HIRO OM（ヒロさん, ありがとうございます）	WID	With　〜と一緒に　QSO WID QRP STN（QRP局との交信）
OP	Operator　運用者　OP JUN （運用者はジュンです）	WKD	Worked　交信した　WKD 2 AF STN（アフリカ局,2局と交信した）
OSO	非常通信信号	2DAY	Today　今日 QRN 2DAY（今日は空電があります）
PSE	Please　おねがいします, 〜してください PSE AGN UR CALL?（あなたのコールサインをもう一度お願いします）	73	Best regards　男性が（へ）使うさようなら
PWR	Power　出力　PWR 5W（出力は5Wです）	88	Love and kisses 女性が（へ）使うさようなら
R	Roger　了解		
RX	Receiver　受信機, RX ANT（受信アンテナ）		
RIG	無線機　RIG FTDX3000 （無線機はFTDX3000です）		
REPT	Report, Repeat レポート, 繰り返す　TNX FER 599 REPT（599のレポートをありがとう）		
SIG	Signal　信号　NICE SIG（強い信号）		

HI-MOUND MARCONI 火花送信機電鍵（記念用）

HF通信入門 | 81

■ よく使われるQ符号

表4-5はCWでよく聞くQ符号です．ここで紹介しているQ符号の意味は電波法で規定されている厳密な意味ではなく，実際の運用を念頭に置き，アマチュア無線の世界で一般的に認識されている「慣習的な意味」を紹介しています．

表4-5 HFの交信でよく使われるQ符号

信号に関する説明として使われるもの	
QRM	混信がある
QRN	空電がある
QSB	フェージングがある

運用に関するもの	
QRT	運用を終了する
QRV	運用を開始する
QRX	運用を中断する(QRX 5 MIN ＝ 5分間中断)
QSY	他のバンド・モードへ移動する，周波数を変更する

交信中によく使うもの	
QRZ？	誰がお呼びですか？(呼ばれていることはわかるがコールサインがわからないときに使う)
QSL	QSLカード
QSO	交信
QTH	運用場所

そのほかよく聞くもの	
QRO	送信出力を上げる，大きな出力
QRP	5W以下などの小さな出力
QSL	了解

コラム4-6　QSL？

"QSL"と聞くと，QSLカードのことがまず思い浮かびますよね．しかし場合によっては，"QSL"が別の意味で使われることがあります．それはコンテストでの交信やDXペディション局との交信のようにショートQSOを行う場面です．このとき"QSL"は「了解」の意味で使われます．たとえばDXペディション局との交信では次のようなやり取りが聞かれます．JL8AQH UR 599 BK ― QSL UR 599 TU(JL8AQH 599です，どうぞ―了解です，こちらにも599です，ありがとうございました)．これは決してQSLカードの交換をよろしくね，という意味ではありませんのでご注意を．

R S T
5 9 9
↑ ↑ ↑
完全に了解できる　きわめて強い信号　完璧な音

了解度(R)	
5	完全に了解できる
4	実用上困難なく了解できる
3	かなり困難だが了解できる
2	かろうじて了解できる
1	了解できない

信号強度(S)	
9	きわめて強い信号
8	強い信号
7	かなり強い信号
6	適度な強さの信号
5	かなり適度な強さの信号
4	弱いが容易に受信できる信号
3	弱い信号
2	きわめて弱い信号
1	微弱でかろうじて受信できる信号

音調(T)	
9	完璧な音で，リップルなどのいかなる変調も認められない音調
8	ほとんど完璧な音調だが，わずかな変調が残っている音調
7	ほとんど澄んだ音だが，リップルが認められる音調
6	フィルタされているが，リップルがはっきり残っている音調
5	整流されフィルタされている交流音だが，リップルの多い音調
4	荒いが，いくぶんながらフィルタされているのが認められる音調
3	荒い交流音で，整流されていてもフィルタされていない音調
2	きわめて荒い交流音で，楽音の感じは少しもない音調
1	60Hz(または50Hz)の交流音かそれ以下で，きわめて荒く広い音調

図4-17　RSTレポートの意味

4-4 スプリット運用

スプリット運用（split operation）とは，受信周波数と送信周波数を別にして行う運用方法のことをいいます．そのため，相手の送信周波数でこちらが送信しても相手は聞いていませんので，交信できません．

スプリット運用はたくさんの局から呼ばれる立場にあるDX局がよく使用する運用方法です．

スプリット運用の目的

スプリットで運用する目的は，DX局の送信周波数とそれを呼ぶ局の周波数を別にすることでDX局の送信周波数をクリアにし，皆がDX局の指示を確実に受信できるようにすることです（図4-18）．

なぜこのような方法をとる必要があるかは，シンプレックス（送受信の周波数が同じである運用方法）で運用している場合を考えてみるとわかりやすいでしょう．もしDX局の送信周波数でたくさんの局が連続して呼んだ場合，DX局を呼ぶ局の信号でDX局の指示や応答が聞こえません．これでは交信の効率も落ちてしまいます．そのため，DX局を呼ぶ局が多くなった場合（この状態をパイルアップといいます），DX局は自分の送信周波数をクリアに保つため，呼び出しを行う局は別の周波数で送信するように指示を出します．これがスプリット運用です．

以上のことからわかるように，スプリット運用をしているDX局をその送信周波数で呼び出ししても応答は得られません．それどころか，たくさんの局がDX局の送信周波数を聞いているため，DX局の送信周波数で送信すると大変多くの局に迷惑がかかります．このようなことを防ぐためにも，送信前に注意深く受信して，状況をよく把握することが大切です．

スプリット運用の実際

SSBのスプリット運用では，DX局の5kHz上で呼ぶ"Up 5"が基本で，パイルアップが大きい場合5～10kHz上で呼ぶ"5 to 10 up"が指示（アナウンス）されます．

CWのスプリット運用は，DX局の1kHz上で呼ぶのが基本です．パイルアップが大きくなると2kHz以上にまで広

図4-18 スプリット運用のイメージ図
DX局は21.295MHzで送信して，21.300～21.305MHzを受信している．これが"5 to 10 up"の意味

がります．CWの場合，どれくらい上で呼ぶかはアナウンスされず，DX局は単に"UP"とだけ打つことがほとんどです．

スプリットでの運用方法

スプリット運用では，送信前に周波数がスプリットの指定周波数，あるいは指定された範囲にあるかを必ず確認します．DX局の周波数で送信してしまうと，現在進行している交信の妨げになってしまいます．

■ **SSBでの呼び出し**

SSBで呼び出しを行う場合，原則としてフル・コール1回を送信してPTTを離し，受信に移ります．受信に戻った際にDX局がほかの局に応答しているようであれば，そのまま受信状態で進行中の交信が終わるのを待ちます．もし，受信状態に戻ってもDX局が送信していないようであれば，もう一度フルコールを1回だけ送信します．

■ **CWでの呼び出し**

CWでの呼び出しも基本はSSBと同じです．SSBと異なるのはフル・ブレークインでCWを運用することで，符号の隙間（短点と短点の間など）でもDX局が送信しているかを確認できることです．フル・ブレークインとはモールス符号の短点や長点を送信しているとき以外は常に受信状態になる送信方法で，現行のほとんどの無線機で設定が可能です．フル・ブレークインで運用すると，DX局が送信したときに自局のサイド・トーンとかぶるためすぐに気が付きます．ぜひCWはフル・ブレークインで運用しましょう．

また，CWのスピードはなるべくDX局に合わせます．特に，ゆっくりとしたキーイングで運用しているDX局には，同じくらいのスピードで呼び出ししたほうが応答が得られやすいでしょう．

コラム4-7　ビッグ・ガンが取り残されたわけ

パイルアップにまつわる，とあるオペレーターの話をご紹介します．アメリカ人の彼は，カリブ海の珍しいエンティティーからHFを運用した際に，日本から大きなパイルアップを受けました．筆者もそのパイルアップを聞いていたのですが，彼はどんどん弱い局を拾い上げ，交信していきました．このパイルアップのおもしろいところは，リニアアンプや大きなビーム・アンテナを使用していて，いつも早々とパイルアップを抜いていく局が，序盤を過ぎてもパイルアップのなかに取り残されていたことです．

彼はのちに，筆者にこう教えてくれました．「あのときはね，ビッグ・ガン（出力やアンテナが大きく信号の強い局）を避けて交信したのさ．たまにはリトル・ピストル（100W＋ダイポールのような標準的な設備で運用する信号の弱い局）にもチャンスをあげないとね！」

かくして筆者も交信できたカリブ海のとあるエンティティー，その後この場所からの信号は長らく聞いていません．

図4-A 稀（まれ）ではあるがパイルアップをさばく側の裁量次第でビッグ・ガンよりもリトル・ピストルが次々に交信に成功することもある

4-5　HF帯で遭遇するさまざまな信号と対処の仕方

　HFを運用しているとさまざまな信号に出会います．強力で明瞭な信号から，弱くてノイズ・レベルすれすれの信号までさまざまです．ここでは最もよく出会う弱い信号，QSBのある信号，フラッターを伴った信号，エコーを伴った信号について対処方法を紹介します．

弱い信号～あまり弱い場合はあきらめる～

　HF帯の電波はいつも強いとは限りません．時にはノイズに埋もれそうなほどのぎりぎりの信号を相手にする場面もあるでしょう．一番大変なのは，信号の存在はわかるが内容（コールサインなど）まではわからない，という場面です．

　このような場合，QSBによって信号が浮いてくることがあるので，まずは数分間受信を続けます．しかし，それでも内容が解読できるまでに至らないときは，潔く別の機会を待つことにしてあきらめます．なかなかあきらめをつけるのは難しいのですが，聞こえない局とはやはり交信できません（図4-19）．

　また，こちらがCQを出していて非常に弱い信号で呼ばれた場合は，信号が弱いことを伝えたうえで「またコンディションの良いときによろしくお願いします」と言えばよいでしょう．CWの場合は，"SRI NIL"と打つのが簡単です．SRI NILは，「ごめんなさい，Not in the log ＝ 交信不成立です」という意味です．

QSBのある信号　～QSBの山を狙ってコールする～

　QSBには，数秒程度の短い周期で信号が浮き沈みするものと，数分程度の長い周期で浮き沈みするものがあります．

　いま，QSBを伴って入感している局のCQに対して，呼び出しを行う場合を考えてみましょう．QSBの山では完璧に了解できるが，谷になるとノイズすれすれという場面を想定します．このときのポイントは，「タイミング」です．つまりQSBの周期を考えて，QSBのピークでフル・コールを

図4-19　こんな顔になるくらい弱い信号なら，交信をあきらめることも必要

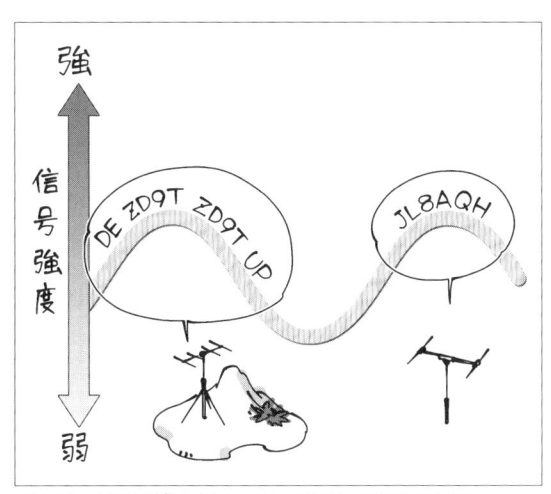

図4-20　QSBは「山」をとらえれば交信の味方にできる

とってもらえるようにタイミングを計って送信することで，応答を得られる確率がぐっと高まります．たとえば，CQの終わりに近づくに従って相手局の信号が強くなっているときは特にチャンスです．あなたが呼ぶときにQSBのピークにかかると予想されるからです（p.85の**図4-20**）．

また，QSBがあるときはゆっくりと何度も反復するよりは速めに何度か反復するほうが，効果があるようです．CWであれば，速めの速度で2回ほどコールサインを打つ，などが有効です．

フラッターを伴った信号 〜ゆっくりはっきり繰り返す〜

海外交信を楽しんでいると北極や南極からの信号，あるいはそれらの地域を通過する信号にはフラッターが伴うことを経験します（**写真4-1**）．フラッターを伴った信号は，音声あるいは音調がふるえて聞こえるため，了解度が落ちます．このような場合，こちらからの信号もフラッターを伴って相手局に届くと考えてよいでしょう．

このようなときは，電話ではゆっくりはっきり発音することを心がけ，語と語の間隔をあけて話します．電信では，文字と文字のスペースをいつもより長めにとって送信します．

エコーを伴った信号

秋口のロングパスの季節では，HFハイバンドを中心にエコーを伴った信号が聞かれます．このときの対処法はフラッターを伴う信号への対処法と同じで，SSBではゆっくり語間を開けて話し，CWでは文字と文字のスペースを広めにとります．コールサインを打つときなどは，やりすぎと思えるくらい文字と文字の間隔をあけて送信するのも一手です．

写真4-1　南極圏・北極圏からの信号はフラッターを伴った信号で入感する

4-6　HF運用のマナー

ここではHF運用で気を付けておきたい点をいくつか取り上げます。

言葉づかい ～平易な言葉でやさしく語ろう～

無線交信と聞くと，いかにも難しそうな略号をたくさん並べて交信していそうですが，実際の交信でそうする必要はありませんし，また望ましくもありません（**図4-21**）。たしかに，略号やQ符号などを多用して話すとかっこよく聞こえるかもしれませんが，アマチュア無線の交信では初対面の方や初心者の方も多いわけですから，「わかりやすいことばで丁寧」に話しましょう。そのうえで，広く普及している略号やQ符号を適度に使いながら交信を円滑に進めるのが，上手な運用です。

また，SSBで海外交信を行う場合もわかりやすい言葉で丁寧に話すように心がけましょう。私たちは英語のネイティブ・スピーカーではありませんから，わざわざ無理をして速く英語を話そうとする必要はありません。自分が英語っぽいと思う英語と，相手にわかりやすい英語とは違うものです。アマチュア無線の交信では，伝達内容のほぼすべてが重要な事項で，特に交信のはじめには，コールサイン，RSレポート，名前などの間違いが許されない情報を交換します。このような重要な情報の交換には，発音の「流暢さ」よりも「正確さ」が要求されます。相手が英語の母語話者・非母語話者に関わらず，ゆっくりとはっきり発音するほうが発音は正確になり，情報の伝達の面で有利です。

コールサインを言う ～1送信 1コールサイン～

アマチュア無線の交信で，まず必要な情報は相手局のコールサインです。逆に言うと，あなたの信号を聞いている局は，まずあなたのコールサインを必要とします。このことからも，まずコールサインを名乗ることが無線交信で最も重要です。こちらから呼びに回る場合はそれほど問題ないのですが，自分からCQを出してショートQSOを続けている場合などにコールサインを言わずに進行している例が多く見られます。

送信するたびに必ず自局のコールサインを明示するように意識しましょう。

聞こえない局を呼ばない ～どうやっても交信できません！～

無線交信は双方向の通信です。自局が相手局を，相手局が自局を受信することができて初めて交信することができます。しかし，時には相手局の信号が弱く，信号そのものの存在はわかるが，内容まではわからないといった場面に遭遇することもあります。他局が交信しているようすから，相手局のコールサインを知ることができるかもしれま

図4-21　Q符号やアマチュア無線用語はほどほどに……

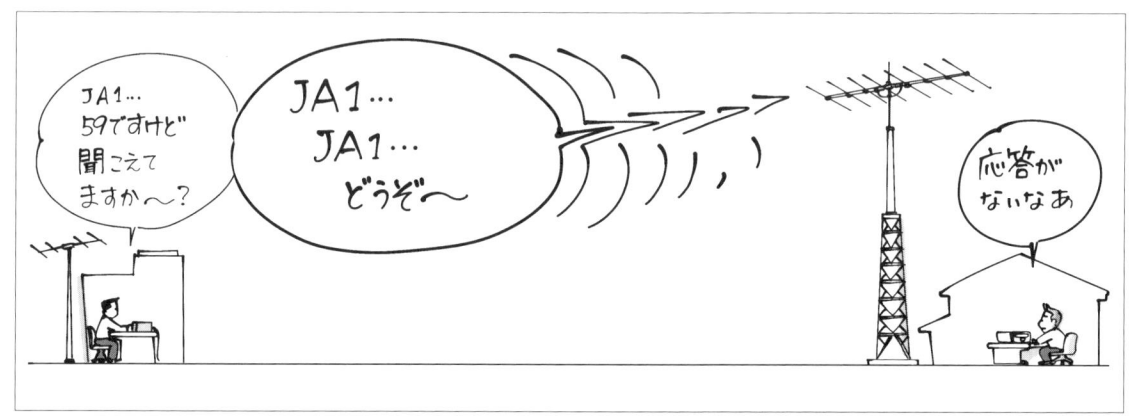

図4-22 応答があるのに気付かない局も多い．そのような場合，たいていは相手局を受信できていない

せんが，自分が相手局のコールサインを確認できないのであれば，呼ぶべきではありません．

これは「聞こえない局とは交信できない」という無線通信の最も基本的な原理に関わる問題ですが，いまだに聞こえない局を呼ぶ局が後を絶ちません（**図4-22**）．「待てば海路の日和あり」ではありませんが，次のチャンスを待つという選択肢も頭の中に入れておきたいものです．

譲り合いの精神　～チャンスを譲る無言のやさしさ～

珍しい局とは誰でも交信したいものですが，無線通信はその仕組み上，同時に複数局と交信することはできず，順に1局1局としか交信することができません．そのため，限られた時間で交信できる局数はやはり限定されてしまいます．

もし自分が以前交信したことのある局・場所がパイルアップになっているときは，なるべく他局にチャンスを譲りましょう．特に同一バンド・モードでの重複交信は控えます．まだその場所と一度も交信したことのない局もたくさんいます．譲り合いの精神でより多くの局が珍しい局と交信することができるようにしましょう（**図4-23**）．

指定を守る　～スマートな運用は指定を守ることから～

パイルアップに参加中，「JL8？ JL8？ Come again．(JL8の局，どうぞ)」というように断片的に応答がある場合があります．このようなときにJL8以外の局が呼び出しをしてはなりません．混信妨害につながるだけでなく，JL8局との交信が長引くぶん，その後に交信できる局数が減ってしまいます．これはパイルアップに参加しているすべての局にとって不利益なことです．円滑に交信が進むよう，指定を守りましょう．

図4-23 珍しい局と交信できるのは，こっそり受信しつつチャンスを譲ってくれた局のおかげかもしれない

第4章　HFの交信

4-7　73（交信を終えた）の後に

　ここでは交信を終えてからのQSLカードの発行についてご紹介します．

QSLカードを発行しよう

　QSLカードとは交信証明書のことです．自局のコールサインと運用者の名前，場所，無線設備などとともに，交信データを記載して相手局との交信を証明します．

■ QSLカードを作る

　QSLカードは印刷業者（アマチュア無線の専門誌"CQ ham radio"などに広告掲載）に依頼して作ってもらうこともできますし，自分で作ることも可能です．コンピュータでQSLカードをデザインすることもできますし，最近では，ロギング・ソフトにQSLカードの印刷機能が付いているものや，コンピュータ上のログ・ファイルからQSLカードの交信データ欄にデータを読み込んで印刷することができるものもあります．

■ QSLカードの書き方

　QSLカードの記入は特に難しいことはありません．ただし，日付は「15 Nov. 2012」というふうにヨーロッパ式で書くように統一しておくと，日本の局に送る場合でも海外の局に送る場合でも通用します．

● 日本の局あて

　図4-24に国内局あてのQSLカードの記入例を示します．日本時間（JST）で書くことに注意するくらいで，特にQSLカードの記入で難しいことはありません．

● 海外の局あて

　海外局あてのQSLカードの記入例を見てみましょう（p.90の図4-25）．日本の局あてと異なる点は「時間」の表記で，海外局あての場合UTC（世界標準時）で記入します．UTC＝JST-9です．たとえば日本時間の19:00はUTCでは10:00となります．なお，UTC

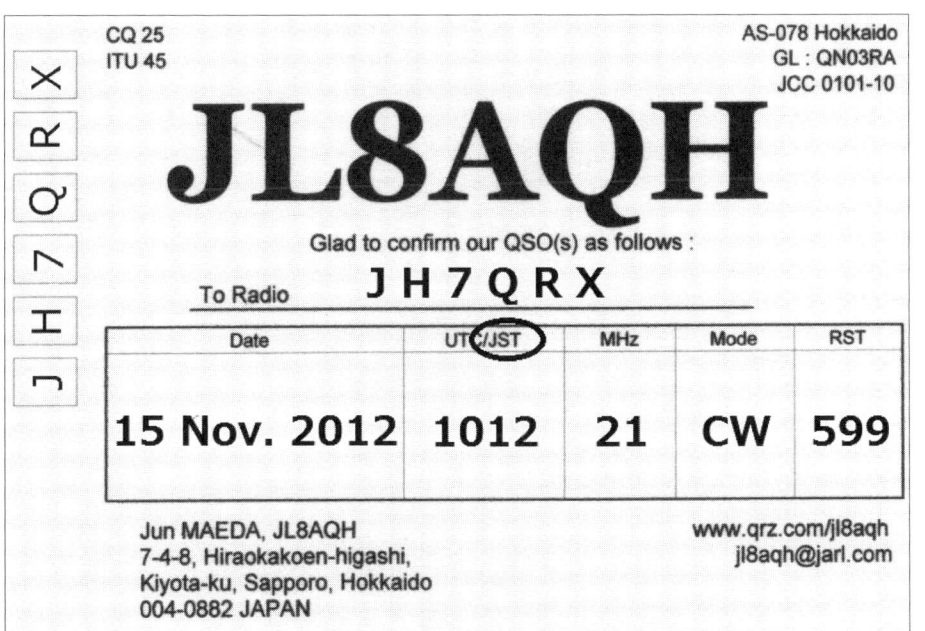

図4-24　国内局あてのQSLカードの記入例

はイギリスのロンドン郊外にあるグリニッジ天文台の時刻でGMTともよばれ，イギリス時間を表しています．

なお，深夜から朝にかけての0000～0900JSTの間に交信した場合はUTCに直すと日付が一日戻ります．たとえば，1月1日0700JSTの交信はUTCに直すと12月31日 2200UTCとなります．

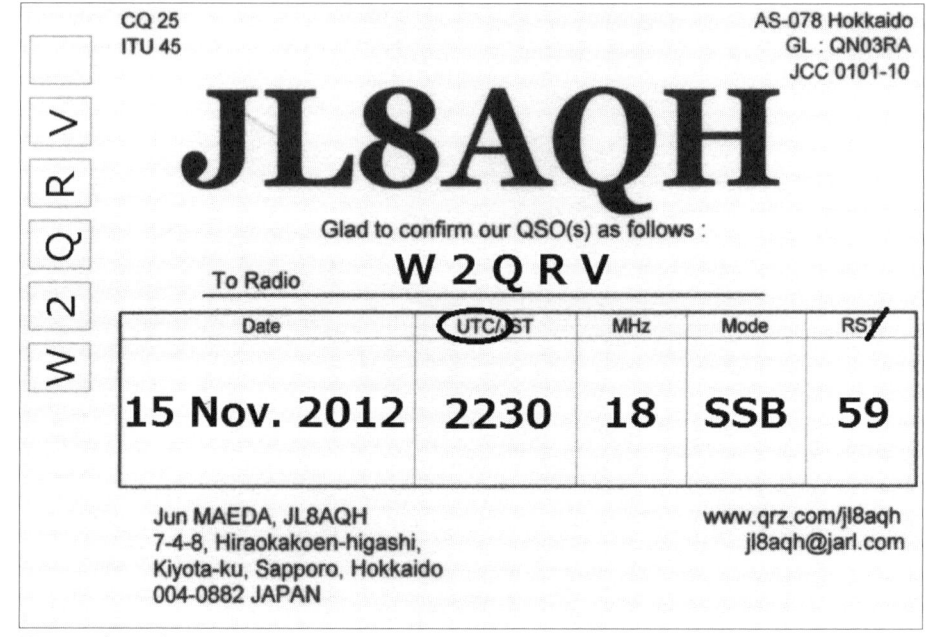

図4-25 海外局あてのQSLカードの記入例

QSLカードを集めよう

■ QSLカードの送り方・受け取り方

QSLカードの交換方法には2通りあります．一つはQSLビューローを介して交換する方法と，もう一つは直接本人へSASEを郵送して交換する方法です．

■ QSLビューロー

QSLビューローとは，QSLカードを転送する機関で各国に設置されています．日本ではJARL(日本アマチュア無線連盟)が管理・運営しています．世界の中にはQSLビューローのない国もありますが，たいていの国にはビューローがあるため，海外局とQSLカードを交換するのに便利です．日本でQSLビューローを利用するにはJARLに入会するか，転送手数料を払います．直接郵便でQSLカードを交換するのに比べて時間はかかりますが，まとめて送ったり受け取ったりできるため手間や費用が省ける点で便利です．

■ SASE

QSLカードを郵便で直接交換する場合(ダイレクトで交換する，という)，SASE(Self-Addressed Stamped Envelope：返信に必要な郵送料分の切

写真4-2 海外あてのSASEの例
往信用封筒，返信用封筒，QSLカード，国際返信切手券からなる

第4章　HFの交信

手を貼った返信用封筒)を同封するのが慣例です．

国内の局とダイレクトでQSLカードを交換する場合は，80円切手を貼った自分あての封筒をQSLカードに同封して送ります．相手局の住所は最新のJARL会員局名録などで調べます．

海外の局にSASEを送る場合，返信用切手の代わりに国際返信切手券(IRC)を同封します．IRCは郵便局で取り扱っていますが，あまり小さな局では在庫していないことがあります(**写真4-2**)．なお，海外の局の住所はインターネット上のアマチュア無線局の住所録であるQRZ.comで確認することができます(**コラム4-9**)．

● 海外にSASEを送るときのワンポイント・アドバイス

◆ 往信用封筒は地味に

往信用封筒は地味な封筒を選びます．切手との引き換えしか認められていないとはいえ，国際返信切手券という金銭的価値のあるものを同封していますから，郵便事故にあう確率があります．そのため，地味なビジネス・メールに見せかけ，郵便事故を避けます．具体的には無地の封筒を使い，住所は手書きせずプリントします．また，本当に郵便事情の悪い国へ送る際には，切手を貼らず郵便局で「証紙」を貼り付けてもらうようにします．

◆ 返信用封筒

返信用封筒に関して重要なのは，封に両面テープが付いているものを選ぶことです．両面テープが付いていることで，QSLカードを返信する側はのりづけの手間を省くことができ，結果的に早く返信がもらえます．

◆ ちょっとした心配りも

QSLカードのほかに交信のお礼を一筆書くのも良いと思います．また，日本の使用済み切手を同封すると喜ばれます．和紙，折り紙なども日本らしいものとしてたいへん喜ばれます．

コラム4-8　QRZ.comとは?

アマチュア局の住所録のことをコール・ブックと呼んだりしますが，QRZ.comとはインターネット上にあるコール・ブックのことで，世界中の局が登録しています．住所や名前などの個人情報を扱うため，QRZ.comに登録している局のみが閲覧できます．QRZ.comでDX局を検索すると，QSL交換の方法についてDIRECT(郵便による直接交換)なのか，BURO(ビューロー経由)でいいのか，あるいはQSLマネージャは誰なのか，などについて知ることができます．特に何も指示が書いていない場合は本人宛ビューロー経由で大丈夫でしょう．

コラム4-9　IRCとグリーン・スタンプ

本章では返信用切手の代わりに国際返信切手券(IRC)を同封する方法をご紹介しました．国際返信切手券(IRC)はUPU(国際郵便連合)に加盟している国ならばどこでも取り扱いがあることになっていますが，実際にはIRCを切手と交換できない国もあります．

そのような場合，IRCの代わりに1ドル札を必要枚数同封する方法がとられています．普通郵便物に紙幣を同封することはほとんどの国で禁止されていますので，この方法はお勧めできません．また海外では，郵便物の中にQSLカードとともにドル紙幣が入っていることを見抜かれて，そもそも郵便物が盗まれて届かなかったり，紙幣が抜かれたりすることも珍しくありません．一方，IRCはそういったリスクが少ないため安全です．

さて，表題のグリーン・スタンプとはドル紙幣のことです．ドル紙幣が緑色の特殊インクで印刷されているためこのように呼ばれます．

第5章

HF電波伝搬
～HFの電波が遠くへ飛ぶ仕組み～

アンテナを出発した電波はどのように旅をして，相手局まで届いていくのでしょうか．本章を読み終えたら，実際に無線機のスイッチをオンにしてダイナミックなHF電波伝搬を体感してみてください．

5-1　電波の伝わり方

電波の伝わり方にはさまざまな種類があります（**図5-1**）．たとえば，V/UHFのハンディ機同士で交信する場合は，電波がアンテナからアンテナへ直接届きます（直接波）．そのため，お互いが離れて見通しがきかなくなると信号は弱まり，ついには交信できなくなってしまいます．

一方，HFの電波は送信点のアンテナを出発した後，一路電離層へと向かいます．そこで屈折・反射を受け再度地上に戻ってきた電波が受信点のアンテナに届くことで見通し外通信を可能にします．このような電離層を利用した電波の伝わり方を「電離層（反射）波」といいます．

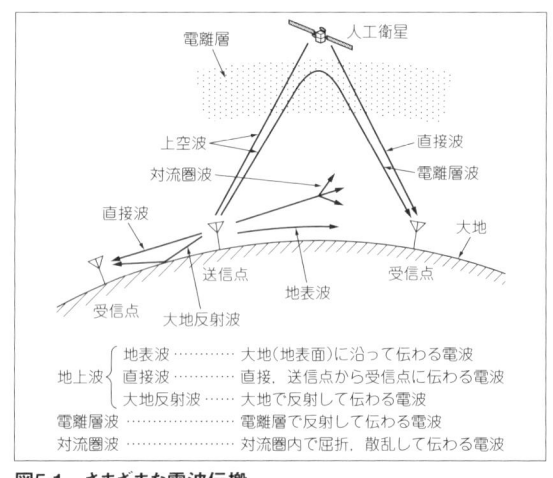

図5-1　さまざまな電波伝搬
HFの電波は電離層（反射）波を利用して遠距離との通信を行う

地上波
- 地表波……………大地（地表面）に沿って伝わる電波
- 直接波……………直接，送信点から受信点に伝わる電波
- 大地反射波………大地で反射して伝わる電波

電離層波……………電離層で反射して伝わる電波
対流圏波……………対流圏内で屈折，散乱して伝わる電波

5-2　電離層とは?

電離層とは，高度約100km～400kmにわたって存在する地球大気の一部のことで，主にHFの電波を反射する性質を持っています（**図5-2**）．この領域では太陽からの紫外線によって，電離という現象が起こっており，自由電子の密度が高くなっています．そのためHF帯の電波を屈折・反射することができるのです．

また，電離層の中でも特に電子密度の高い場所を，地上に近いほうからD層，E層，F層と呼んでいます．

第5章　HF電波伝搬

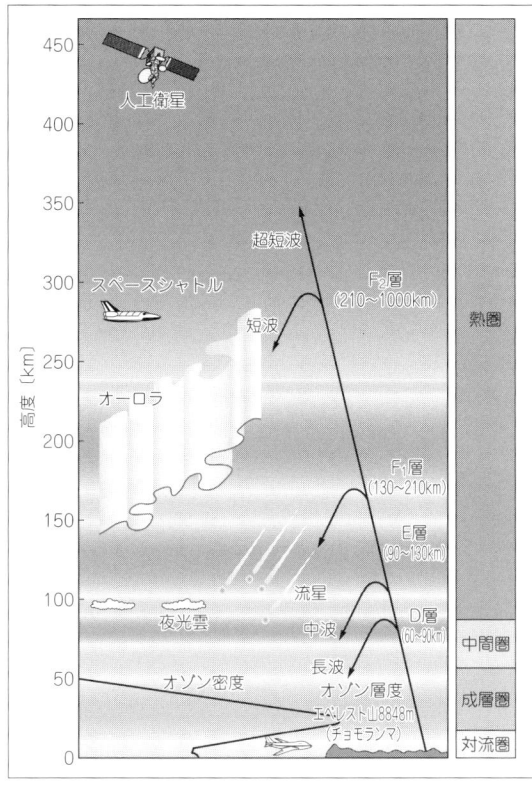

図5-2　地球大気と電離層
電離層があるのは熱圏と呼ばれる領域で、温度が高く空気が希薄な条件下にある

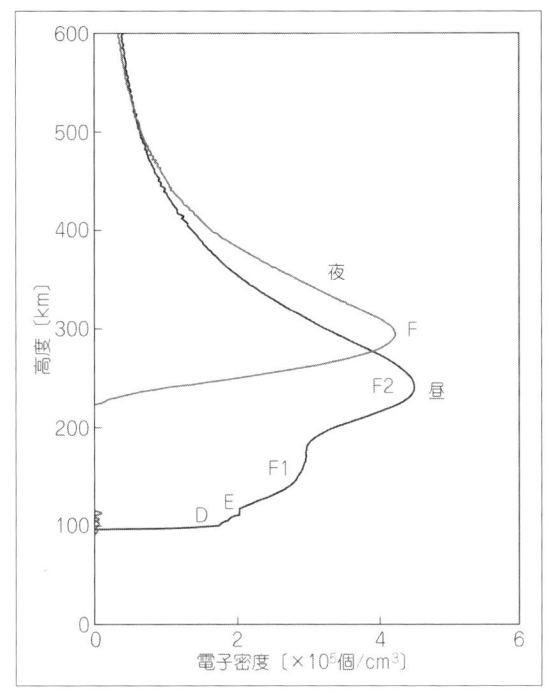

図5-3　電離層の電子密度と高度分布
実際に日本上空で観測された昼夜の電子密度・高度プロファイル
（筆者解析，データ提供元 COSMIC CDAAC）

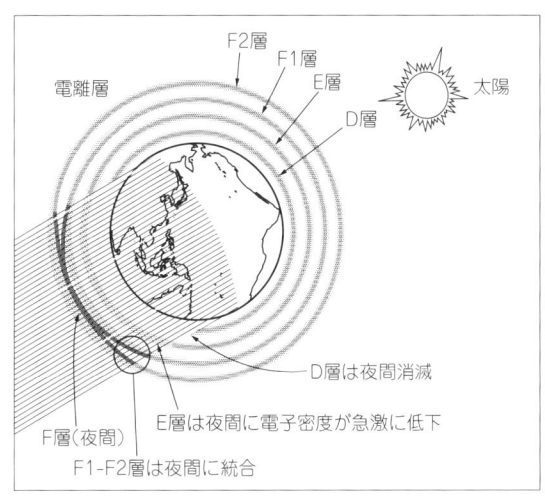

図5-4　地球を取り囲む電離層のようす．昼と夜の違いがわかりやすい

電離層の特徴

さて，電離層は地上に近いほうから順にD層（高度60～90km），E層（高度90～130km），F層（高度130～400km）の3層に大きく分けられます（**図5-3，図5-4**）が，各層はどのような特徴をもっているのでしょうか．

■ D層

D層は高度60km～90km程度に出現する電離層で，日のあたる日中にのみ存在します．

D層はHFの電波の反射にはほとんど関与せず，むしろHFローバンド（1.8MHz～10MHz）の電波を吸収・減衰させます．特に1.8MHzや3.5MHzにおいて著しい吸収・減衰をもたらすため，これらのバンドではD層が存在する日中には電離層反射波による交信がほとんどできません．7MHzや10MHzも日中に大きな減衰を受けますが，

HF通信入門 | 93

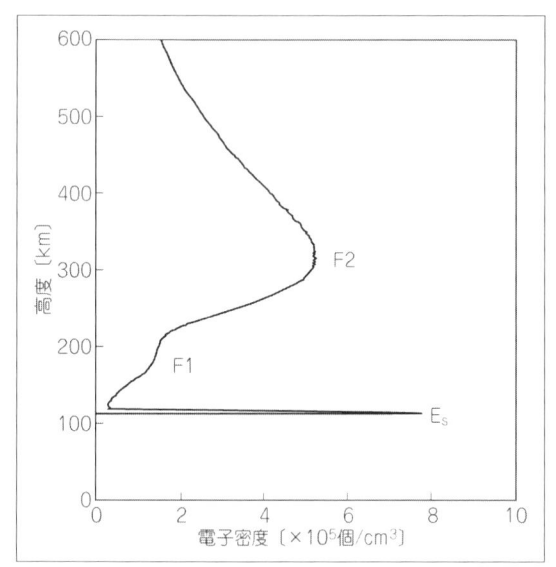

図5-5 実際に日本付近の上空で観測されたスポラディックE層の電子密度・高度プロファイル
高度100km付近に非常に電子密度が高く薄い層がある。また、このスポラディックE層はF2層よりも電子密度が高いこともわかる
(筆者解析、データ提供元COSMIC CDAAC)

1.8/3.5MHzほどではなく、電離層反射波による交信が可能です。また、14MHz以上のバンドではほとんど影響を受けないため、D層の減衰については無視することができます。

■ E層

E層は高度90km～130kmにある層で、1.8MHzや3.5MHzなどのHFローバンドの電波を反射します。一方、7MHz以上の電波はE層を通過するため、その際に屈折・減衰を受けます。また、E層は主に日中に現れ、夜間にも存在しますが、その電子密度は昼間と比べて非常に小さくなります。

■ Es層（Sporadic E layer）

スポラディックE層（日本ではEスポと呼ばれる）は、E層と同じ高度90km～130km付近に突発的に出現する層で、電子密度が非常に高いため、時に200MHzを超えるVHFの電波まで反射させます（**図5-5**）。Es層は6月、7月にもっともよく出現し（**図5-6**）、HFハイバンドを運用していると突然近距

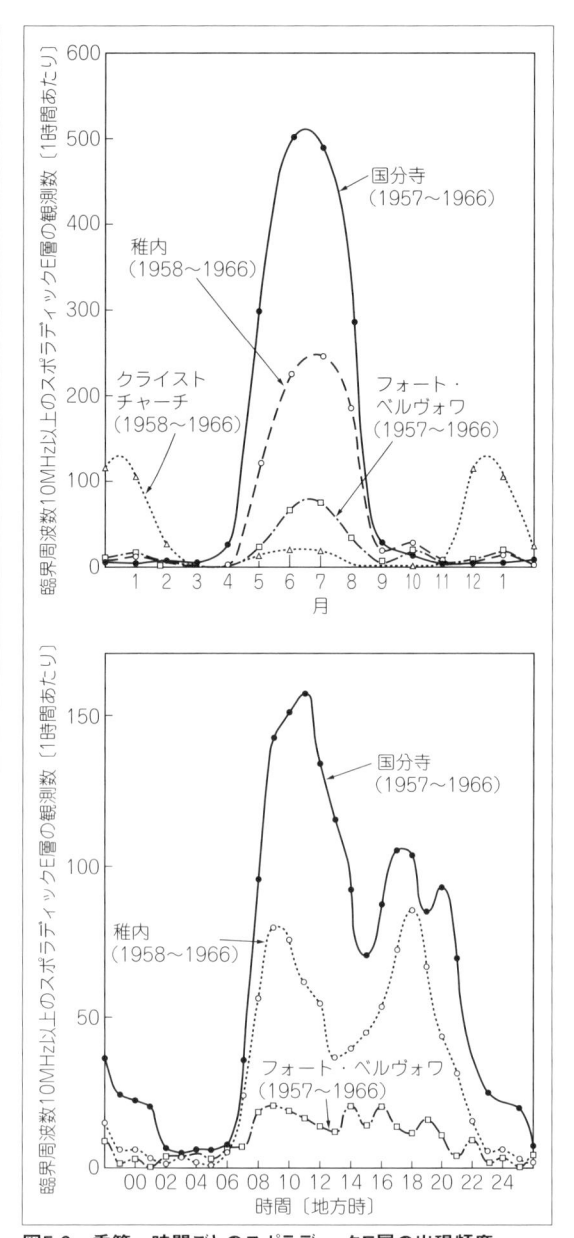

図5-6 季節・時間ごとのスポラディックE層の出現頻度
北半球では6月～7月に多く、日本では稚内よりも東京のほうが出現頻度が高い。時間は昼前と夕方にピークがあるように見える
(出典：Whitehead, J. D.(1989), Recent work on mid-latitude and equatorial sporadic E. Journal of Atmospheric and Terrestrial Physics 51, 401-424.)

離（～1,000km）の局が強力に聞こえてくることでわかります。このとき、逆に遠距離との交信はで

きなくなります．Es層は風に乗って移動するため交信できる地域が時間とともに移動していきます．

■ F層

F層は高度200～400kmにある層で，電子密度が最も高いためHF電波伝搬の主役を担います．F層は日中・夜間ともに存在するため，夜間地域を通る経路でもHFによる交信を可能にしています．F層では，一度の反射で最大4000km伝搬します．

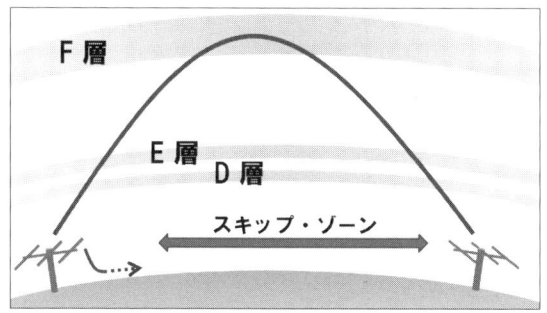

5-3 HF電波伝搬

図5-7 最も基本的な電離層反射波
実際には若干の地表波も存在する(点線)

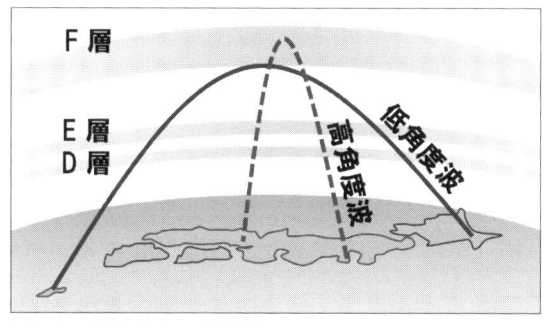

図5-8 電波の角度と交信距離
遠くと交信したい場合は打ち上げ角の低いアンテナを使用するとよいことがわかる

国内交信とHF電波伝搬

図5-7はもっともシンプルな電離層反射波の例です．日本国内との交信は，まさにこの図のような伝わり方をしています．電離層反射波の特徴の一つは，交信を行う2地点間にスキップ・ゾーンが存在することです．スキップ・ゾーンとは電波が上空を飛び越えてしまい信号が入感しない地域のことです．このため，HFの交信を聞いていると片方の局はよく聞こえるのにもう一方の局はまったく聞こえないことがよくあります．これはその局の電波が自局の頭上を飛び越えてしまい受信できないためです．

さて，国内交信の電波伝搬をよくよく観察してみると，近距離とは高い角度を利用した電波が，遠距離とは低い角度を利用した電波が主力を担うことがわかります(**図5-8**)．こうしてみると，近距離との交信には打ち上げ角の高いアンテナ，具体的には地上高の低いダイポール・アンテナがよく，長距離との交信にはバーチカル・アンテナのような打ち上げ角の低いアンテナがよさそうだと想像できます．

■ 電離層の揺らぎとフェージング

HFの交信を受信していると相手の信号が浮き沈みを伴って聞こえることがあります．この現象はフェージング(QSB)とよばれ，浮き沈みが激しいときはまったく了解できないくらいまで信号強度が落ち込みます．フェージングを引き起こす原因はいくつかありますが，その一つに電離層の変動があげられます．いま，**図5-7**のようにある2地点間で交信を行っていたとしましょう．このとき，両局はF層を利用して通信を行っています．この図では電離層は鏡のように平らで動かないように描かれていますが，実際は電子密度が刻一刻と変化し，またその高度も常に変化しています．たとえば，F層の高度に揺らぎがあると想定する

と，見かけ上F層が上下に動いて見えるはずです．そうすると電波が反射される点の位置が変化します．これによって相手局へ強く届いたり弱く届いたりします．これがフェージングです．フェージングはある一定の周期をもっていることが多く，数秒単位で細かく信号が上下するものから数十秒〜数分単位で変動するものまでさまざまです．一般的に，フェージングの少ない状態からフェージングが多くなってきた場合，相手局との伝搬が閉じ始めてきていますので，早目に交信を切り上げるのが良いでしょう．

■ スポラディックE層による近距離伝搬

国内交信は簡単に言って，7MHzが1500km程度までの近〜中距離用，14MHz以上のHFハイバンドが1500km以上の中〜長距離用として使い分けられます．HFハイバンドではとくに顕著にスキップ・ゾーンが生じるため，遠方の局とは良好な通信が可能ですが，たとえば500km以内の近距離の地域はスキップ・ゾーンに入ってしまい，通常なかなか交信できません．

ところが，夏季6月〜7月の日中を中心に日本上空では頻繁にスポラディックE層が生じるため，HFハイバンドでも通常は交信が難しい近距離地域との交信が可能になります．この仕組みは図5-9のようになっています．通常HFハイバンドの電波は電離層下層のD層・E層を通過して一番高度の高いF層を利用して交信を行いますが，スポラディックE層が生じるとHFハイバンドの電波がF層へ到達する前に反射されてしまいます．

また，スポラディックE層の高度は100km程度と比較的低いため，自局のごく近くでEs層が発生した場合，反射波はあまり遠くへは伝搬せず，1000km以内の近距離へと降り注いでいきます．これを利用しているのがHFハイバンドでのスポ

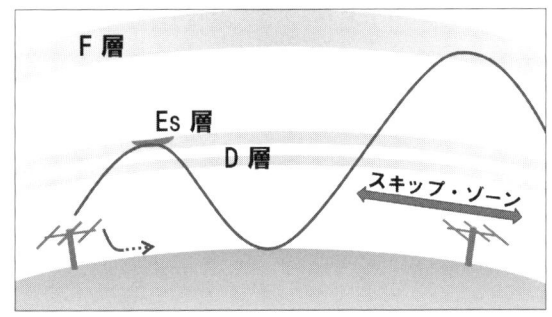

図5-9　スポラディックE層による異常伝搬の例．F層反射が使えなくなるため近距離との通信が主になる

ラディックE層による伝搬（通称…Eスポ伝搬）です．まずは，6月・7月になったら日中にHFハイバンドを聞いてみましょう．

海外交信とHF電波伝搬

さて，海外と交信する場合，HFの電波はいったいどのようにして伝わっていくのでしょうか．イメージとしては図5-10のようになります．電離層反射と地上反射を何度も利用することで，はるか数千kmの彼方まで届くというわけです．

実際の例を見てみましょう．図5-11は日本〜ヨーロッパ間をHFの電波が伝わっていくようすを

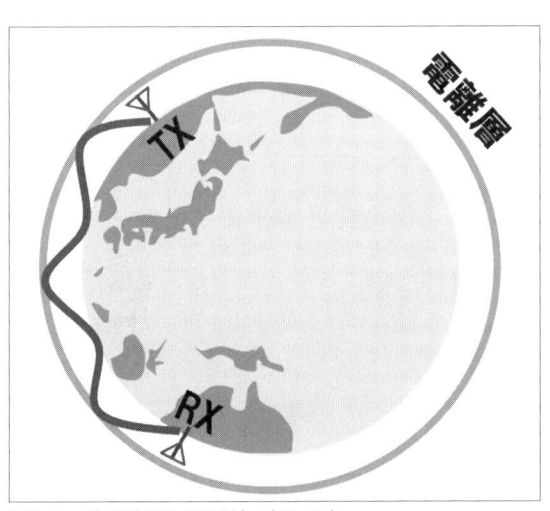

図5-10　海外交信とHF電波の伝わり方
TXは送信地点を，RXは受信地点を示す

第5章　HF電波伝搬

図5-11　日本～ヨーロッパのHF電波伝搬のようす

描いたもので，電離層で3回，大地で2回の反射を受けて伝搬するようすが見てとれます．このときの伝搬経路に注目です．ロシアの北のほう，シベリアを通っていますね．これは日本－ヨーロッパ間を結ぶ航空機の航路とほぼ同じです．そうです，多くの場合，電波の伝搬経路は航空機の航路と同じなのです．では次に，電波の通り道についてみていきましょう．

■ 電波の通り道

● 大圏地図と大圏コース

　日本国内同士の交信では，電波は地図上で両局を結ぶ最短経路をとるだろうことは容易に想像できます．では海外との交信の場合はどうでしょうか．

　海外との交信でも電波は最短経路を通ることが最も多いといえます．**図5-12**に示した地図は大圏地図と呼ばれるもので，自分のいる地点を中心において，そこから見たときにある地点がどの方位にどれくらいの距離にあるのかを示しています．この地図の中心とある点を結ぶ経路が最短経路（大圏コース）となり，海外交信を行う際のHFの電波はこの経路を通ることが知られています．また，

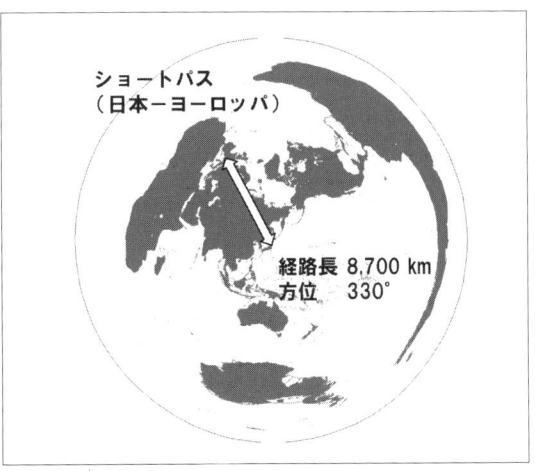

図5-12　大圏地図

この最短経路のことをショートパスと呼びます．たとえば，**図5-12**の場合，日本からヨーロッパのドイツまでのショートパスは方位330度，距離8,700kmであることを示しています．

　HFの海外交信の多くはこの大圏コースに沿って行われます．そのため，ビーム・アンテナを使用しているときなどは大圏地図を見て相手局の方位を確認し，そちらにアンテナを向けます．また大圏地図は，アンテナを建設する際にどの方向にアンテナを張るべきかを決める際にも参考にすることができます．

　また，交信する機会の多いヨーロッパや北米の方位などは大圏地図を見て覚えておくとよいでしょう．ヨーロッパは北北西，北米は北東です．

● ショートパスとロングパス

　さて，大圏地図上で2点間を結ぶ最短距離をシ

コラム5-1　コンディションが良いのはいつ？

　HFの電波伝搬がどうやら電離層や太陽活動によって変化するらしいことはわかったとして，結局いつHFのコンディションがいいのでしょうか．単純に言って太陽黒点数が100を超える日が3日以上続くようなら，HFハイバンドのコンディションが良くなると考えて差し支えないで

しょう．このようなときには5W以下のQRPで運用する海外の局が十分な強さで入感することもあります．
　日本ではNICT（情報通信研究機構）が毎日の太陽黒点数を公表しています（http://swc.nict.go.jp/contents/index.php）．

写真5-1　アジアやオセアニア地域とはショートパスによる交信が基本
上段左：ベトナム（アジア），右：ネパール（アジア）．下段左：ピトケアン島（オセアニア），右：ココス諸島（オセアニア）

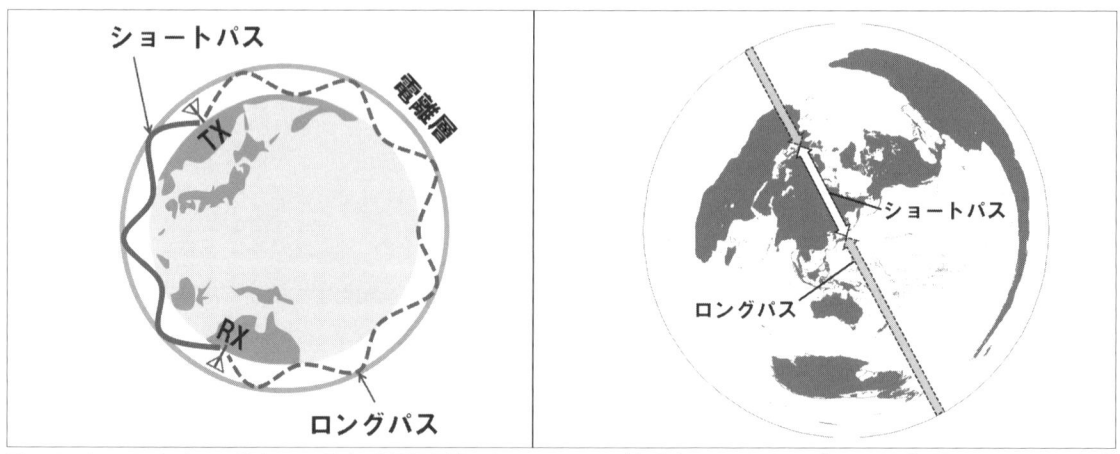

図5-13　ショートパスとロングパス．一見すると最短経路であるショートパスが存在するのになぜロングパスで電波が飛んでくるのか不思議に思うかもしれない．どのような条件下でロングパスがひらけるのか，HF帯を運用してぜひ確かめてみてほしい

ョートパスと呼びますが，それに対して180度反対の経路をロングパスと呼びます．大圏地図で見ると，ショートパスの方位とロングパスの方位は180度反対になっていることがわかります（**図5-13 右**）．ショートパスはHF交信の7～8割を占める最も基本的な電波伝搬です．日本からはアジア・オセアニアは基本的にショートパスによる交信が主流となります（**写真5-1**）．つづいて，中近東・ヨ

第5章　HF電波伝搬

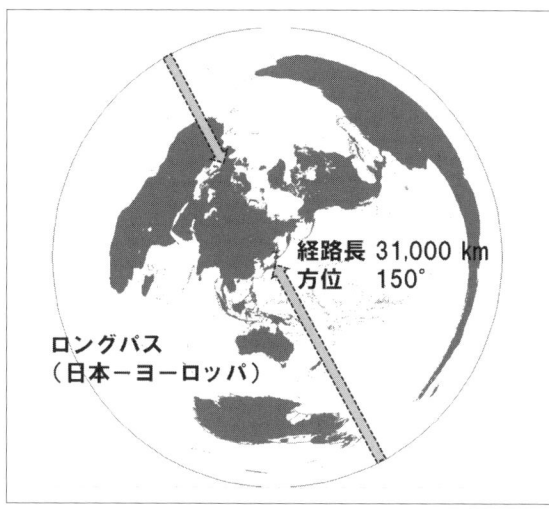

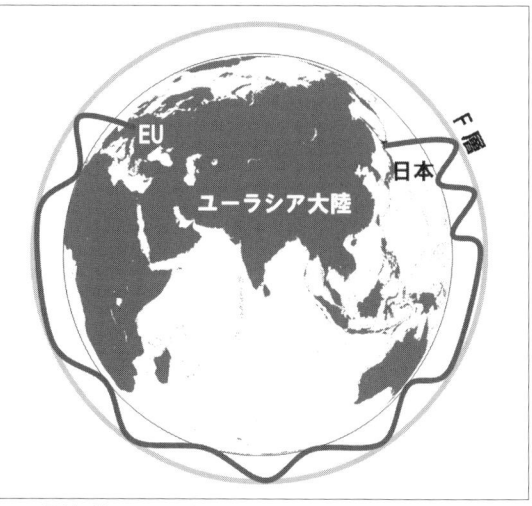

図5-14 日本〜ヨーロッパ間ロングパス．なんと31,000kmもの距離をHFの電波が伝わっていく

写真5-2 ロングパスで交信したアフリカの局からのQSLカード
ショートパスでは信号を聞いたことすらないところも多い

ーロッパ方面，北米・南米，アフリカ方面もショートパスを使用しますが，これらの地域とは秋から翌年の春にかけてロングパスによる伝搬も利用します．このように実際のHFの海外交信では，交信相手の地域や季節によっては頻繁にロングパスによって交信を行います．

　ロングパスがひらけるのは日本時間の日の出・日の入りの前後で，大抵は交信相手の日の入り・日の出と重なります．このときの伝搬経路は夜間帯となるためD層やE層を通過することによる損失がありません．また，日本から世界各地へのロングパスは伝搬経路の大部分が海洋となりますので大地反射よりも損失が少なくなります．伝搬経路長はロングパスのほうが圧倒的に長い（ふつうショートパスの3〜4倍）のですが，途中の損失が少ないためショートパス並の，あるいはそれ以上の信号強度で交信できることがあります．

　特に日本の秋頃から翌年の春先にかけてロングパスが利用され，HFハイバンドでは夕方にヨーロッパ・アフリカ方面との交信が（**図5-14**，**写真5-2**），HFローバンドでは朝方に北米・南米との交信が楽しめます．

■ **太陽活動とHF電波伝搬**
● **太陽黒点数とサンスポット・サイクル**

　サンスポット・サイクルとは，太陽黒点数が11〜13年周期で増減することです（p.100の**図5-15**）．単純に言って「太陽黒点数が多い＝HFハイバンド好調」となる（その逆もまた然り）ため，HF愛好家は太陽黒点数が最大となるサンスポット・サイクルのピークを心待ちにしているのです．

　私たちアマチュア無線家，特にHF通信を楽しむ者にとってサンスポット・サイクルのピークの

HF通信入門 | 99

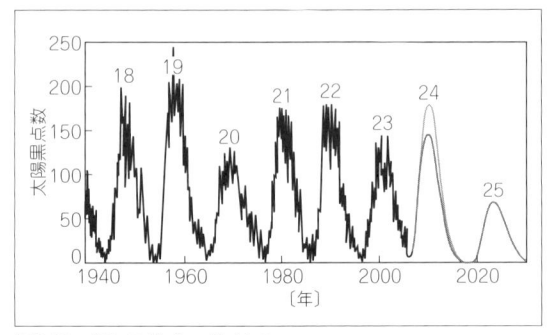

図5-15　サンスポット・サイクル
11〜13年周期で黒点が増えたり減ったりしていることがわかる（サイクル24以降は予測値）．この「山」の部分にさしかかると，HFハイバンドが世界中の強力な信号で埋まる

訪れほど楽しみなものはありません．なぜなら，バンド中が世界中の信号で埋まり，かつその状態が寝る暇もないくらい続くのですから．特に，HFハイバンド（14〜28MHz）は太陽黒点数が多いほどワールド・ワイドに，そして長時間オープンが続きます．

■ ビーコン

14MHz以上のHFハイバンドでは，世界中からビーコンが運用されています．ビーコンとは標識信号（電波の目印）のことで，世界各地から常時電波が出されています．周波数は14.100MHz，18.110MHz，21.150MHz，24.930MHz，28.200MHzでモードはCWです（図5-16上下）．

これらの周波数を聞いているだけで，現在どの地域と交信できそうかを知ることができます．たとえば，いまアメリカ方面と21MHzで交信できるか知りたいときは，ビーコン波の周波数である21.150MHzを受信してみます．ここを受信していてアメリカのビーコン局の電波が受信できれば交信可能だということがわかります．

また交信可能かどうかのほかに，どれくらいの信号強度で交信できそうかも知ることができます．なぜなら，ビーコン波のコールサインと一回目のキャリアは100Wで送信され，2回目のキャリアは10W，3回目は1W，4回目は0.1Wで送信されるためです（図5-16中）．

バンドを一巡してみて静かだなと思ったらビーコンをチェックしてみるといいでしょう．そうすることで，伝搬がないからバンドが静かなのか，それとも伝搬はあるが運用している局がいないか

コラム5-2　海外交信にはアンテナの打ち上げ角は低いほうが良い？

電波伝搬の基本として，近距離とは高い打ち上げ角が，長距離とは低い打ち上げ角が良いと言われています．打ち上げ角が低いほうが遠くの電離層を利用できるため，結果として遠くへ届くと考えられるためです．本書でもそのように紹介していますが，実は実際はそうでもなく，低すぎる打ち上げ角の電波はかえって近距離にしか到達しない場合があります．

図5-Aは打ち上げ角を3段階に変化させた場合の電波伝搬のようすを示しています．あまり高い打ち上げ角の電波Aは電離層を突き抜けてしまいます．しかし，BとCはどうでしょうか．打ち上げ角の高いBのほうがCよりも遠くへ伝搬していることがわかります．

実は，打ち上げ角が低くなればなるほど電離層下層で反射されやすくなるため，あまり打ち上げ角を低くしすぎるとこのようなことが起こります．そのため，遠くから飛んできている電波でも打ち上げ角の低いバーチカル・アンテナやビーム・アンテナよりも，打ち上げ角の高いダイポール・アンテナのほうが信号が強いといった場面にたびたび遭遇します．

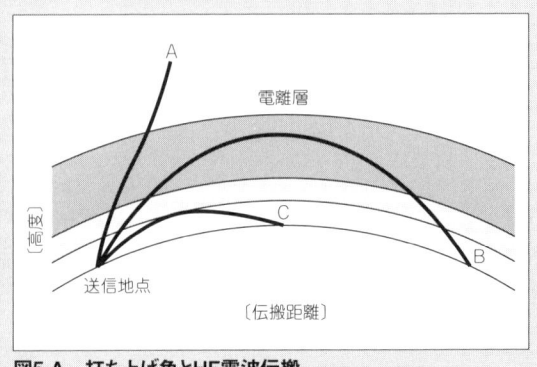

図5-A　打ち上げ角とHF電波伝搬

第5章　HF電波伝搬

ら静かなのかを区別することができます．後者の場合，自分からCQを出してみるときっと交信相手が見つかります．

HFで電波伝搬の不思議を体験する

　HFで交信を楽しんでいると，明瞭な信号ばかりではないことに気づきます．よく出会うのは，音声やモールス符号がこだまして聞こえるエコーを伴った信号と，音声やモールス符号が震えるように聞こえるフラッターを伴った信号です．これらエコーやフラッターといった現象は，非常に遠い場所から長い距離を経て伝搬してくる信号によく見られます．そのため，海外交信を楽しんでいると頻繁に出会います．

　手軽に体験できるのは，日本の秋～冬にかけて，夕方にHFハイバンド（14MHz～28MHz）でオープンするヨーロッパ・アフリカ方面のロングパスの信号でしょう．

　これらの信号には時に強力なエコーが伴います．そして，自分が送信すると自分の信号が数十ミリ秒遅れてこだまして聞こえます．これは，自分の送信した電波が地球を一周して戻ってきた信号が受信されるため，またはロングパスの途中のどこかから自分のほうへ跳ね返されて戻ってきた信号が受信されるためです．いずれも数万kmを伝搬するため時間差が生じ，エコーとなって受信

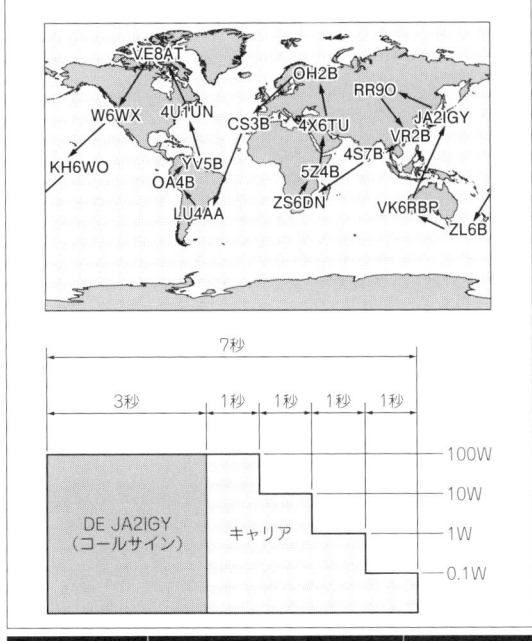

されます．

　言葉で書くとなんだか難しそうですが，秋になったら夕方のHFハイバンドを聞いて実際に体験してみてください．きっと不思議な信号が聞こえてくるはずです．

バンド	周波数	モード
20m	14.100MHz	
17m	18.110MHz	
15m	21.150MHz	CW
12m	24.930MHz	
10m	28.200MHz	

図5-16　上：世界のビーコン局一覧と送信順序，中：ビーコンの送信内容，下：ビーコン周波数

コラム5-3　電波伝搬はわからないことだらけ

　ここまで簡単にHFの電波伝搬に関して紹介してきました．わかりきったことのように解説されている電波伝搬ですが，実はわからないこともまだたくさんあるのです．

　たとえばロングパス．時に3万km以上を伝搬し，コンディションに恵まれると5W程度の出力でアフリカと交信できますが，これがなぜ成立するのか，その詳しい仕組みはまだよくわかっていません．

　電離層そのものについても，スポラディックE層がどのような仕組みで発生するのか，なぜ夏季に多いのかなどまだ不明な点が多くあります．夏至の頃になるとアマチュア無線家は何気なく「そろそろEスポの時期だなぁ」と思うものですが，そのEスポ自体まだまだ未解明のものなのです．

　HFの電波が遥か彼方まで飛んでいく不思議とロマンは，このように謎に包まれている部分が多いからこそ感じられるものなのかもしれません．

資料編-01

ラバースタンプQSO 虎の巻

HFの交信に慣れてきたら，次はぜひ自分からCQを出してみましょう．ここでは，CQを出す側が送信する内容をまとめてあります．下線部に自局と相手局の情報（コールサインや名前など）を書き入れてお使いください．CQを出すときにお手元においてご活用ください．

国内交信向け CQを出す局の送信内容 CW編

1
CQ CQ CQ DE _____ _____ _____ AR K

2
_____ DE _____ GM/GA/GE
UR RST 599 599 BT
NAME _____ _____
QTH _____ _____
HW ?
AR
_____ DE _____ KN

3
R _____ DE _____ BT
TNX FER REPT DR _____
MY RIG _____ ES ANT _____ BT
QSL VIA BURO BT
TNX FER FB QSO DR _____
HPE CU AGN 73
AR
_____ DE _____ KN

4
R 73 VA E E

国内交信向け CQを出す局の送信内容 SSB編

1
CQ CQ CQ こちらは _____ _____
お聞きの局いらっしゃいましたら交信お願いします．受信します．

2
_____ こちらは _____ です．こんにちは．
お呼び出しありがとうございます．
RSレポートは 59, 59をお送りします．
こちらの名前は _____ _____ です．
QTHは _____ です．
初めての交信ですね．今後ともよろしくお願いいたします．
お返しします．
_____ こちらは _____ どうぞ．

3
了解です．
_____ こちらは _____
_____ から59のレポートをありがとうございます．
こちらのリグは _____ アンテナは _____ です．
天候は _____ , 気温は _____ です．
よろしければQSLカードはビューロー経由でお送りいたします．
交信ありがとうございました，_____ さん．
お返しします．
_____ こちらは _____ どうぞ．

4
了解です．
_____ こちらは _____
QSLカードご交換いただけるとのことでありがとうございます．
また聞こえておりましたら，交信お願いいたします．
どうもありがとうございました．
_____ こちらは _____
73

資料編-02

HF通信用語集

はじめてHFの交信を聞くとわからない用語がいくつもあると思います．ここでは主にSSBの交信で耳にすることの多いものを集めてみました．アルファベットから始まり，アイウエオ順で並んでいます．

言　葉	意　味
73	→セブンティー・スリー
88	→エイティー・エイト
AF	可聴域の音声周波数のこと．Audio Frequencyから．
AGC	信号強度が変化しても一定の利得が得られるように受信を補助する回路．Automatic Gain Controlから．
ALC	SSB送信機で過大入力が加わっても電波にひずみが生じないようにする補助回路．Automatic Level Controlから．
APF	音声帯域の特定箇所を取り出すフィルタ．Audio Peak Filterから．
ATU	→オートマチック・アンテナ・チューナ
BCI	中波放送に与える電波障害のこと．Broadcasting Interferenceから．
BCL	世界各地の中波放送を受信して楽しむリスナーのこと．Broadcasting Listenerから．
BNC	同軸ケーブル接続用コネクタの一種．ワンタッチ・ロック構造になっているのが特徴．
DX	遠距離や外国のこと．
DXer	DX交信を楽しむ人のこと．
DXペディション	アマチュア無線の運用が少ない国や地域，島などに行って運用すること．
FB	すばらしい，すてきなという意味．Fine Buisinessから．使用例：FBなアンテナですね（すばらしいアンテナですね）．
FB比	アンテナの輻射特性の前方対後方比のこと．Front to Back ratioから．
FOT	MUFの80％の周波数のこと．もっとも損失が少なく伝搬する．→MUF
FS比	アンテナの輻射特性のメインローブとサイドローブの比のこと．
GMT	グリニッジ標準時のこと．Greenwich Mean Timeから．イギリスの局がよく使うが，世界的にはUTC（世界標準時）を使うのが一般的．
GPアンテナ	グラウンド・プレーン・アンテナのこと．Ground Plane antennaから．
HB9CVアンテナ	スイスのハムHB9CVが考案したビーム・アンテナのことで位相差給電が特徴．
Hi-Fi SSB	忠実度が高く音質の良いSSB波のこと．High Fidelity SSBから．
IOTA（アイオタ）	Islands On The Air．イギリスのアマチュア無線連盟RSGBが発行する，世界各地の島との交信を目的としたアワードのこと．
IRC	国際返信切手券のこと．International Reply Couponから．
JARL（ジャール）	日本アマチュア無線連盟のこと．
JCC	日本の100市と交信してQSLを得ると取得できるアワードのこと．Japan Century Citiesから．
JCG	日本の100郡と交信してQSLを得ると取得できるアワードのこと．Japan Century Gunsから．
LoTW	ARRLが管理・運営しているオンライン上のログデータ集積サイトのこと．世界中のアマチュア局が自局のログデータをアップロードし，お互いの交信記録が一致するとDXCCなどに申請できるというもの．Logbook of the Worldの略．
LUF	最低使用可能周波数．D層，E層を通過し，F層で反射されて地上に戻ってくる最低の周波数のこと．これ以下の周波数の電波はD，E層で吸収を受けるため電離層反射波を利用できない．Lowest Usable Frequencyから．
MUF	電離層によって反射される最高の周波数のこと．これ以上の周波数の電波は電離層を突き抜けてしまい，電離層反射波が利用できない．Maximum Usable Frequencyから．
M型コネクタ	最も一般的な同軸ケーブル接続用コネクタ．
N型コネクタ	同軸ケーブル接続用コネクタの一種で，接合部のインピーダンスが50Ωになるように作られている．
OM	先輩ハムのこと．
P.O.Box	郵便局の私書箱のこと．Post Office Boxから．
PSK	位相偏移変調のこと，あるいはデジタルモードのPSK31のことをさす．Phase Shift Keyingから．
PTT	マイクについている送信ボタンのこと．Push To Talkから．
Q	コイルの性能を表すもので，数値が高いほどよい．

資料編-02　HF通信用語集

言葉	意味
QSLカード	交信証のこと．
QSLマネージャー	DX局に代わってQSL発行を担当する人のこと．
RF	高周波のこと．Radio Frequencyから．
RFI	無線による電波障害のこと．BCIやTVIが含まれる．Radio Frequency Interferenceから．
RSGB	イギリスのアマチュア無線連盟のこと．Radio Society of Great Britainから．
RSレポート	5段階の了解度と9段階の信号強度で信号の状態を表すレポートのこと．
RTTY	デジタルモードの一種で，無線印刷電信のこと．Radio Teletypewriterから．
RX	受信機のこと．Receiverから．送信機はTX（Transmitter）．
SAE	自分宛ての住所を書いた返信用封筒のこと．これに切手を貼るとSASEになる．Self-Addressed Envelopeから．
SASE	Self-Addressed Stamped Envelope．→SAE
SDR	デジタル無線技術の総称．Software Defined Radioから．
S/N	信号対雑音比のこと．Signal to Noise ratioから．
SSTV	デジタルモードの一種でスロー・スキャン・テレビのこと．Slow Scan Televisonから．
SWL	アマチュア無線や短波放送を聞いて楽しむリスナーのこと．Short Wave Listenerから．
SWR	定在波比のこと．アンテナと同軸ケーブルとの間で生じる進行波と反射波の大きさから求めた整合度のことで，1に近いほうがよい．Standing Wave Ratioから．
TVI	テレビの受信に与える電波障害のこと．Television Interferenceから．
Tコネクタ	T字型をした3端子コネクタのこと．
UTC	協定世界時のことで，事実上の世界標準時．UTC=GMTである．また日本時間（JST）はUTC+9時間である（0000UTC=0900JST）．Coordinated Universal Timeから．
VOX	SSBトランシーバに搭載された，音声を発すると送信状態に切り替わる機能のこと．Voice Operatedから．
WAS	アメリカ合衆国の全州と交信してQSLカードを得ると取得できるアワードのこと．Worked All Statesから．
WX	天気のこと．
WAZ	米国CQマガジンが制定した世界の40地域すべてと交信してQSLカードを得ると取得できるアワードのこと．Worked All Zonesから．
worked	交信した，という意味．
WPM	モールス符号の送信スピードを表す指標の一つ．5文字を1語として，1分あたりの語数で表す．5WPM=25文字/分．Words Per Minuteから．
WW	世界中，という意味．World Wideから．
XYL	奥さんのこと．
YL	女性のこと．
Z	GMTのこと．0900Z=0900GMT．→GMT, UTC
アース	接地のこと．
アイボールQSO	直接会うこと．
アッテネータ	受信信号が大きい時に使う減衰器のこと．
アナライザ	アマチュアの世界ではアンテナの測定器であるアンテナ・アナライザのこと．
アパマン・ハム	アパートやマンションなどから運用するアマチュア局のこと．
アワード	交信地域数や交信局数など，一定の交信条件を達成してQSLカードを得た局がもらうことができる賞（賞状）のこと．
アンカバー	不法局のこと．
アンテナ・カップラ	→アンテナ・チューナ．
アンテナ・チューナ	無線機とアンテナの間に挿入し，両者のインピーダンス合わせを行う整合器のこと．
アンプ	増幅器のこと．リニア・アンプについていうことが多い．
アンプI	ステレオに生じる電波障害のこと．
石	トランジスタ，ICのこと．
移動	常置場所を離れて運用すること．
インターフェア	→RFI
インピーダンス	交流回路における抵抗成分のことで，単位はΩ．
ウエイト	モールス符号の長点と短点の長さの比のこと．
エイティー・エイト	女性ハムへ（から）送る送信終了時のあいさつ．
エコー	受信信号がやまびこのようにこだまして聞こえること．
エックス	→XYL
エレクトロニック・キー	パドルと組み合わせることで自動で長点と短点を送出する電子電鍵装置のこと．
エレベーティッド・ラジアル	接地型アンテナでアースの代わりに用いる地上から数m浮かせたラジアルのこと．
エンティティー	ARRLが定めるDXCCリストの国・地域のこと．2013年3月現在，世界には340のエンティティーがある．
オートマチック・アンテナ・チューナ	自動でアンテナのインピーダンス調整を行いSWRを最小にする整合器のこと．
オーバーシーズ	海外のこと．Overseasから．

言葉	意味
オーバードライブ	過大入力によって出力信号がひずんだ状態のこと.
オフバンド	バンドプランから外れて運用すること.
オンエア	電波を出すこと.
カード	QSLカードのこと.
カウンターポイズ	→エレベーティッド・ラジアル
カットアンドトライ	試行錯誤しながら調整すること.
かぶる	近接した強力な信号によって目的信号が了解できない状態になること.
過変調	マイク入力が大きすぎるため変調率が100%を超え, 送信波の波形がひずんでいること.
カントリー	→エンティティー
キー・クリック	CW電波の波形に尖りがあること. カツカツとした音のこと.
局免	無線局免許状のこと.
空中線	アンテナのこと.
空電	大気中の放電現象にって生じるバリバリというノイズのこと.
グラウンド	→アース
グラウンド・ウェーブ	地上波. アンテナから放射された電波が電離層を介さずに地上に沿って伝わること.
グラウンド・プレーン	→GPアンテナ
クラスター	運用中の無線局情報(コールサイン, 周波数, 時間など)がリアルタイムに配信されるシステムのこと.
クランクアップ・タワー	使用するときのみ伸ばすことのできるタワーのこと.
クリア	混信がなく良好に受信できること. または周波数をあけること.
グリッド・ロケーター	地球上のある点を表すアルファベットと数字で構成される6文字のこと.
グリーン・スタンプ	ドル紙幣のこと.
コール・バック	応答のこと.
コア	→トロイダル・コア
固定	常置場所のこと.
コピー	送信内容を了解できたこと.
コモンモード・フィルタ	電源ケーブルや同軸ケーブルに流れるコモンモード電流を阻止するフィルタのこと.
コンタクト	交信のこと.
コンディション	電波の伝搬状態のこと.
コンテスト	ある決められた期間内で, 交信した局数や地域などを点数に換算し, その得点を競う競技会のこと.
コンファーム	確認すること, または相手局からQSLカードを受領すること.
最高使用可能周波数	→MUF
最低使用可能周波数	→LUF
最適使用可能周波数	→FOT
サイドローブ	メインローブの横に現れるアンテナパターンのこと.
サフィックス	日本の局の場合, コールサインのコール・エリアを示す3文字目の数字より後ろの文字のこと.
磁気嵐	太陽フレアなどの影響で電離圏に異常電流が流れ, 地磁気が乱れること. これによってHFの通信が途絶することがある.
シャック	無線室のこと.
ショート・ウェーブ	HF, 短波帯のこと.
ショートQSO	必要最小限の内容のみで行う短い交信のこと.
ショートパス	2局間の最短距離を通る伝搬経路のこと.
シンプレックス	同一周波数を用いて交信を行うこと. 反対はスプリット運用. →スプリット運用
スケジュールQSO	あらかじめ決められた日時, 周波数で行う交信のこと.
スタンディング・バイ	これから受信に移りますという意味.
スタンバイ	待機という意味. 使用例:スタンバイしてください(待機してください).
スプリット運用	運用の効率を上げるために受信周波数と送信周波数を別々に設定して運用すること. DX局との交信で使われることが多い.
セカンド	1)二回目のこと. セカンドQSOとは2回目の交信ということ. 2)自分の子供のことを指す言葉.
セブンティー・スリー	交信を終了するときに使うあいさつ. 使用例:本日は交信ありがとうございました. セブンティー・スリーさようなら.
ソフトウェア・ラジオ	→SDR
空	電波の飛び交う上空のこと.
ダイレクト	QSLカードを郵便で直接交換すること.
チューナ	→アンテナ・チューナ
定在波比	→SWR
デジタルモード	パソコンを利用しディスプレイに文字や画像を出力させて交信するモードのこと. RTTY, PSK, SSTV, JT65などがある.

資料編-02　HF通信用語集

言　葉	意　味
デリンジャ現象	電離層下部(D, E層)の電子密度が急激に上昇することで吸収損失が増え、通信できなくなること。長くても数時間である。
ドッグ・パイル	大きなパイル・アップのこと。
トライバンダ	7MHzと14MHz、さらに21MHzというように三つのバンドが運用できるアンテナのこと。
トロイダル・コア	酸化2鉄で作られたリング状のコアのこと。RFI対策、バランの製作に使用する。
入感	信号が聞こえること。
ネットQSO	複数の局が一つの周波数に集まって行う定期的な交信のこと。
ノーQSL	QSLカードの交換を行わないこと。ノー・カードともいう。
ノイズ・ブランカ	受信機に備え付けられた、パルス性のノイズを除去する機能のこと。
バイフィラ巻	二つの電線を撚ってコアなどに一緒に巻く方法のこと。
パイルアップ	一つの局を多数の局が呼んでいる状態のこと。
はしごフィーダ	平行2線フィーダの一種で、絶縁体が2線間をはしごのように支持しているもののこと。
ハム	アマチュア無線家のこと。
ハムログ	業務日誌ソフトウェア、「TurboHAMLOG」のこと。
バラン	平衡-不平衡変換器のこと。アンテナの給電部に入れる。
バリコン	可変容量コンデンサのこと。
バンドプラン	アマチュアバンド内が効率良く運用できるように、法令で定められている電波型式ごとに分けられた使用区分のこと。
ビーコン	標識信号電波のこと。アマチュア無線のHFバンドでは、決められた周波数で世界各地からビーコンが運用されている。
ピック・アップ	拾い上げる、という意味。
ビッグ・ガン	大出力・大アンテナの局のこと。
ビューロー経由	JARLのQSLカード転送サービスを利用してQSLカードを交信相手に送ること。JARL経由とも言う。
ファーストQSO	初めての交信のこと。
ファイナル	1)交信を終了させる最後の送信内容のこと。 2)送信機の終段のトランジスタや真空管のこと。
フィーダ	給電線のこと。
フェージング	電波の強さが、伝搬経路の違いや電離層の状態などによって周期的に変動する現象のこと。
フェードアウト	入感していた信号が聞こえなくなること。
プリフィックス	コールサインの最初の2文字もしくは3文字のこと。プリフィックスでその局が免許された国や地域がわかる。
フルサイズ	アンテナ・エレメントで波長に対して短縮していない長さのこと。
フルスケール	メータの指示針がいっぱいに振れた状態のこと。
ブレーク	進行中の交信に割って入ること。
プロパゲーション	電波伝搬のこと。
ベアフット	リニア・アンプを使わずに無線機本体だけで運用すること。
ペディション	→DXペディション
ポータブル	「／」の呼び方の一つ。移動運用局が運用地のコール・エリアを示すときに使い、「ストローク」と言うこともある。
ホームQTH	無線局の常置場所のこと。
マスト	アンテナを支持する棒のこと。
マルチバンダー	二つ以上のバンドで電波を出すことのできるアンテナのこと。
回り込み	輻射した電波が無線機の入力側へ戻ってきて、電波障害を引き起こすこと。
無変調	FMモードで、変調をかけずに無音の電波を送信すること。
メインローブ	アンテナの最大輻射方向のパターンのこと。
メモリー・キーヤー	あらかじめメモリした内容(モールス符号)をボタン一つで送出できる機器のこと。
モービル	自動車からアマチュア無線を運用すること。船からの運用はマリタイム・モービルという。
モノバンド	単一バンドのこと。
ラグチュー	ゆったりとおしゃべりをすること。
ラストレター	コールサインの最後の一文字のこと。
リグ	無線機、トランシーバのこと。
ルーフタワー	屋根に設置する簡易型のタワーのこと。
ローカル局	近所で開局しているアマチュア局のこと。
ローテーター	アンテナ・マストを回転させるためのモータのこと。ビーム・アンテナと組み合わせて使用される。
ログ	運用結果を書き記す業務日誌のこと。
ロケーション	無線局を設置(運用)している場所のこと。
ロングパス	ショートパスと反対の経路のこと。
ワイヤ・アンテナ	銅線などで構成したアンテナのこと。
ワッチ	受信すること。

資料編-03

DXCC Entity List

ARRL(アメリカのアマチュア無線連盟)は世界の国々,地域,島々を「エンティティー」と称して独自の基準で区分しており,その数は340(2013年3月1日現在)に及びます.100エンティティー以上と交信し,QSLカードを集めるとDXCCアワード(賞状)が取得できます.

プリフィックス	エンティティー	エンティティー日本語読み	大陸	方位(度) ショートパス	方位(度) ロングパス	距離(ショートパス)(km)	ゾーン ITU	ゾーン CQ
−	Spratly Islands	スプラトリー諸島 / 南沙諸島	AS	230	50	4,071	50	26
1A	Sovereign Military Order of Malta	マルタ騎士団	EU	323	143	9,864	28	15
3A	Monaco	モナコ	EU	328	148	9,961	27	14
3B6, 3B7	Agalega and Saint Brandon Islands	アガレガ諸島, セントブランドン島	AF	257	77	10,038	53	39
3B8	Mauritius	モーリシャス	AF	249	69	10,608	53	39
3B9	Rodriguez Island	ロドリゲス島	AF	246	66	10,074	53	39
3C	Equatorial Guinea	赤道ギニア	AF	297	117	13,338	47	36
3C0	Annobon Island	アンノボン島 / パガル島	AF	300	120	13,711	52	36
3D2	Fiji	フィジー	OC	138	318	7,137	56	32
3D2	Conway Reef	コンウェイ礁	OC	144	324	7,354	56	32
3D2	Rotuma Island	ロツマ島	OC	136	316	6,634	56	32
3DA	Swaziland	スワジランド	AF	256	76	13,247	57	38
3V	Tunisia	チュニジア	AF	322	142	10,425	37	33
3W, XV	Vietnam	ベトナム	AS	238	58	4,289	49	26
3X	Guinea	ギニア	AF	325	145	14,194	46	35
3Y	Bouvet Island	ブーベ島	AF	224	44	16,076	67	38
3Y	Peter I Island	ピョートル1世島	AN	156	336	15,216	72	12
4J, 4K	Azerbaijan	アゼルバイジャン	AS	305	125	7,507	29	21
4L	Georgia	グルジア	AS	308	128	7,819	29	21
4O	Montenegro	モンテネグロ	EU	320	140	9,410	28	15
4P-4S	Sri Lanka	スリランカ	AS	257	77	6,814	41	22
4U_ITU	ITU Headquarters	国際電気通信連合本部	EU	330	150	9,804	28	14
4U_UN	United Nations Headquarters	国際連合本部	NA	25	205	10,877	8	5

資料編-03　DXCC Entity List

プリフィックス	エンティティー	エンティティー日本語読み	大陸	方位(度) ショートパス	方位(度) ロングパス	距離(ショートパス) (km)	ITU	CQ
4W	Timor-Leste	東ティモール	OC	199	19	5,099	54	28
4X, 4Z	Israel	イスラエル	AS	304	124	9,146	39	20
5A	Libya	リビア	AF	317	137	10,656	38	34
5B, C4, P3	Cyprus	キプロス	AS	307	127	9,090	39	20
5H-5I	Tanzania	タンザニア	AF	270	90	11,358	53	37
5N-5O	Nigeria	ナイジェリア	AF	307	127	13,500	46	35
5R-5S	Madagascar	マダガスカル	AF	256	76	11,401	53	39
5T	Mauritania	モーリタニア	AF	332	152	13,535	46	35
5U	Niger	ニジェール	AF	313	133	12,970	46	35
5V	Togo	トーゴ	AF	308	128	13,650	46	35
5W	Samoa	サモア	OC	128	308	7,462	62	32
5X	Uganda	ウガンダ	AF	281	101	11,469	48	37
5Y-5Z	Kenya	ケニア	AF	276	96	11,185	48	37
6V-6W	Senegal	セネガル	AF	333	153	13,925	46	35
6Y	Jamaica	ジャマイカ	NA	38	218	12,998	11	8
7O	Yemen	イエメン	AS	283	103	9,568	39	21, 37
7P	Lesotho	レソト	AF	255	75	13,678	57	38
7Q	Malawi	マラウイ	AF	266	86	12,261	53	37
7T-7Y	Algeria	アルジェリア	AF	326	146	10,819	37	33
8P	Barbados	バルバドス	NA	24	204	14,273	11	8
8Q	Maldives	モルディブ	AS/AF	259	79	7,563	41	22
8R	Guyana	ガイアナ	SA	25	205	14,977	12	9
9A	Croatia	クロアチア	EU	324	144	9,429	28	15
9G	Ghana	ガーナ	AF	309	129	13,814	46	35
9H	Malta	マルタ	EU	318	138	10,249	28	15
9I-9J	Zambia	ザンビア	AF	270	90	12,895	53	36
9K	Kuwait	クウェート	AS	295	115	8,312	39	21
9L	Sierra Leone	シエラレオネ	AF	324	144	14,351	46	35
9M2, 9M4	West Malaysia	西マレーシア / 半島マレーシア	AS	236	56	5,275	54	28
9M6, 9M8	East Malaysia	東マレーシア	OC	219	39	4,092	54	28
9N	Nepal	ネパール	AS	276	96	5,174	42	22
9O-9T	Democratic Republic of the Congo	コンゴ民主共和国 / ザイール	AF	288	108	13,340	52	36
9U	Burundi	ブルンジ	AF	280	100	12,046	52	36
9V	Singapore	シンガポール	AS	232	52	5,300	54	28
9X	Rwanda	ルワンダ	AF	280	100	11,858	52	36
9Y-9Z	Trinidad and Tobago	トリニダード・トバゴ	SA	27	207	14,403	11	9

プリフィックス	エンティティー	エンティティー日本語読み	大陸	方位(度) ショートパス	方位(度) ロングパス	距離(ショートパス)(km)	ゾーン ITU	ゾーン CQ
A2	Botswana	ボツワナ	AF	264	84	13,565	57	38
A3	Tonga	トンガ	OC	135	315	7,900	62	32
A4	Oman	オマーン	AS	285	105	7,694	39	21
A5	Bhutan	ブータン	AS	274	94	4,701	41	22
A6	United Arab Emirates	アラブ首長国連邦	AS	288	108	7,913	39	21
A7	Qatar	カタール	AS	290	110	8,238	39	21
A9	Bahrain	バーレーン	AS	291	111	8,282	39	21
AP-AS	Pakistan	パキスタン	AS	282	102	6,906	41	21
B	China	中国	AS	290	110	2,089	(A)	23, 24
BS7	Scarborough Reef	スカーボロ礁 / 黄岩島	AS	230	50	3,187	50	27
BV	Taiwan	台湾	AS	241	61	2,072	44	24
BV9P	Pratas Island	プラータス島 / 東沙島	AS	240	60	2,756	44	24
C2	Nauru	ナウル	OC	139	319	4,906	65	31
C3	Andorra	アンドラ	EU	330	150	10,355	27	14
C5	The Gambia	ガンビア	AF	331	151	14,087	46	35
C6	Bahamas	バハマ	NA	35	215	12,254	11	8
C8-9	Mozambique	モザンビーク	AF	257	77	13,108	53	37
CA-CE	Chile	チリ	SA	94	274	17,246	14, 16	12
CE0	Easter Island	イースター島	SA	103	283	13,536	63	12
CE0	Juan Fernandez Islands	ファンフェルナンデス諸島	SA	98	278	16,528	14	12
CE0	San Felix and San Ambrosio	サンフェリックス島, サンアンブロッシオ島	SA	86	266	16,154	14	12
CE9/KC4	Antarctica	南極	AN	168	348	14,083	(B)	(C)
CM, CO	Cuba	キューバ	NA	40	220	12,169	11	8
CN	Morocco	モロッコ	AF	332	152	11,685	37	33
CP	Bolivia	ボリビア	SA	60	240	16,548	12, 14	10
CT	Portugal	ポルトガル	EU	336	156	11,165	37	14
CT3, CT9	Madeira Islands	マデイラ諸島	AF	339	159	12,042	36	33
CU, CT8	Azores Islands	アソーレス諸島	EU	347	167	11,695	36	14
CV-CX	Uruguay	ウルグアイ	SA	92	272	18,595	14	13
CY0	Sable Island	セーブル島	NA	14	194	10,989	9	5
CY9	Saint Paul Island (Nova Scotia)	セントポール島	NA	13	193	10,623	9	5
D2-3	Angola	アンゴラ	AF	285	105	13,831	52	36
D4	Cape Verde	カーボヴェルデ	AF	340	160	14,036	46	35
D6	Comoros	コモロ	AF	264	84	11,280	53	39
DA-DR	Federal Republic of Germany	ドイツ連邦共和国	EU	330	150	8,932	28	14

資料編-03　DXCC Entity List

プリフィックス	エンティティー	エンティティー日本語読み	大陸	方位(度) ショートパス	方位(度) ロングパス	距離(ショートパス) (km)	ITU	CQ
DU-DZ	Philippines	フィリピン	OC	223	43	2,958	50	27
E3	Eritrea	エリトリア	AF	288	108	9,875	48	37
E4	Palestine	パレスチナ自治区	AS	304	124	9,188	39	20
E5	Northern Cook Islands	北クック諸島	OC	117	297	8,065	62	32
E5	Southern Cook Islands	南クック諸島	OC	124	304	8,982	62	32
E6	Niue	ニウエ	OC	130	310	8,069	62	32
E7	Bosnia-Herzegovina	ボスニア・ヘルツェゴビナ	EU	322	142	9,401	28	15
EA-EH	Spain	スペイン	EU	332	152	10,818	37	14
EA6-EH6	Balearic Islands	バレアレス諸島	EU	328	148	10,562	37	14
EA8-EH8	Canary Islands	カナリア諸島	AF	336	156	12,470	36	33
EA9-EH9	Ceuta and Melilla	セウタ，メリリャ	AF	331	151	11,227	37	33
EI-EJ	Ireland	アイルランド	EU	340	160	9,611	27	14
EK	Armenia	アルメニア	AS	316	136	7,367	29	21
EL	Liberia	リベリア	AF	321	141	14,374	46	35
EP-EQ	Iran	イラン	AS	299	119	7,618	40	21
ER	Moldova	モルドバ	EU	319	139	8,530	29	16
ES	Estonia	エストニア	EU	330	150	7,911	29	15
ET	Ethiopia	エチオピア	AF	284	104	10,386	48	37
EU-EW	Belarus	ベラルーシ	EU	325	145	8,133	29	16
EX	Kyrgyzstan	キルギスタン	AS	298	118	5,507	30, 31	17
EY	Tajikistan	タジキスタン	AS	298	118	6,233	30	17
EZ	Turkmenistan	トルクメニスタン	AS	299	119	7,016	30	17
F	France	フランス	EU	333	153	9,736	27	14
FG	Guadeloupe	グアドループ	NA	25	205	13,763	11	8
FH	Mayotte	マヨット	AF	262	82	11,211	53	39
FJ	Saint Barthelemy	サンバルテルミー	NA	26	206	13,606	11	8
FK	New Caledonia	ニューカレドニア／ヌーヴェルカレドニー	OC	152	332	6,973	56	32
FK	Chesterfield Islands	チェスターフィールド諸島	OC	159	339	6,950	56	30
FM	Martinique	マルティニーク	NA	25	205	14,009	11	8
FO	Austral Islands	オーストラル諸島	OC	120	300	9,861	63	32
FO	Clipperton Island	クリパートン島	NA	69	249	11,098	10	7
FO	French Polynesia	仏領ポリネシア	OC	115	295	9,503	63	32
FO	Marquesas Islands	マルケサス諸島／マルキーズ諸島	OC	103	283	9,745	63	31
FP	Saint Pierre and Miquelon	サンピエール・ミクロン	NA	11	191	10,713	9	5
FR	Reunion	レユニオン	AF	249	69	10,822	53	39
FS	Saint Martin	サンマルタン	NA	26	206	13,606	11	8
FT#E, FT#J	Europa, Juan de Nova	エウロパ島，ファンデノバ島	AF	260	80	11,690	53	39

プリフィックス	エンティティー	エンティティー日本語読み	大陸	方位(度) ショートパス	方位(度) ロングパス	距離(ショートパス) (km)	ゾーン ITU	ゾーン CQ
FT#G	Glorioso Islands	グロリオソ諸島 / グロリューズ諸島	AF	263	83	10,881	53	39
FT#T	Tromelin Island	トロムラン島	AF	254	74	10,544	53	39
FT/W	Crozet Islands	クローゼ諸島	AF	228	48	12,598	68	39
FT/X	Kerguelen Islands	ケルグラン諸島	AF	219	39	11,685	68	39
FT/Z	Amsterdam and Saint Paul Islands	アムステルダム島, サンポール島	AF	225	45	10,274	68	39
FW	Wallis and Futuna Islands	ウォリス・フツナ	OC	131	311	7,225	62	32
FY	French Guiana	仏領ギアナ	SA	17	197	15,364	12	9
G, GX, M	England	イングランド	EU	336	156	9,576	27	14
GD, GT, MD	Isle of Man	マン島	EU	340	160	9,486	27	14
GI, GN, MI	Northern Ireland	北アイルランド	EU	341	161	9,470	27	14
GJ, GH, MJ	Jersey	ジャージー	EU	336	156	9,862	27	14
GM, GS, MM	Scotland	スコットランド	EU	340	160	9,350	27	14
GU, GP, MU	Guernsey	ガーンジー	EU	337	157	9,861	27	14
GW, GC, MW	Wales	ウェールズ	EU	338	158	9,599	27	14
H4	Solomon Islands	ソロモン諸島	OC	153	333	5,432	51	28
H4Ø	Temotu	テモツ / サンタクルーズ諸島	OC	147	327	5,870	51	32
HA, HG	Hungary	ハンガリー	EU	324	144	9,053	28	15
HB	Switzerland	スイス	EU	330	150	9,696	28	14
HBØ	Liechtenstein	リヒテンシュタイン	EU	328	148	9,579	28	14
HC-HD	Ecuador	エクアドル	SA	53	233	14,508	12	10
HC8-HD8	Galapagos Islands	ガラパゴス諸島	SA	64	244	13,563	12	10
HH	Haiti	ハイチ	NA	34	214	13,115	11	8
HI	Dominican Republic	ドミニカ共和国	NA	32	212	13,263	11	8
HJ-HK, 5J-5K	Colombia	コロンビア	SA	45	225	14,324	12	9
HKØ	Malpelo Island	マルペロ島	SA	53	233	13,929	12	9
HKØ	San Andres and Providencia	サンアンドレス島	NA	47	227	13,152	11	7
HL, 6K-6N	Republic of Korea	大韓民国	AS	285	105	1,135	44	25
HO-HP	Panama	パナマ	NA	47	227	13,607	11	7
HQ-HR	Honduras	ホンジュラス	NA	50	230	12,662	11	7
HS, E2	Thailand	タイ	AS	248	68	4,568	49	26
HV	Vatican	バチカン	EU	323	143	9,864	28	15
HZ, 7Z	Saudi Arabia	サウジアラビア	AS	292	112	8,681	39	21
I	Italy	イタリア	EU	323	143	9,864	28	15, 33
ISØ, IMØ	Sardinia	サルデーニャ	EU	324	144	10,214	28	15
J2	Djibouti	ジブチ	AF	283	103	9,810	48	37

資料編-03　DXCC Entity List

プリフィックス	エンティティー	エンティティー日本語読み	大陸	方位(度) ショートパス	方位(度) ロングパス	距離(ショートパス)(km)	ゾーン ITU	ゾーン CQ
J3	Grenada	グレナダ	NA	27	207	14,288	11	8
J5	Guinea-Bissau	ギニアビサウ	AF	328	148	14,096	46	35
J6	Saint Lucia	セントルシア	NA	25	205	14,113	11	8
J7	Commonwelth of Dominica	ドミニカ国	NA	25	205	13,956	11	8
J8	Saint Vincent	セントビンセント	NA	26	206	14,174	11	8
JA-JS, 7J-7N	Japan	日本	AS	***	***	***	45	25
JD1	Minami Torishima	南鳥島	OC	126	306	1,814	90	27
JD1	Ogasawara Islands	小笠原諸島	AS	170	350	894	45	27
JT-JV	Mongolia	モンゴル	AS	308	128	3,003	32, 33	23
JW	Svalbard Islands	スヴァールバル諸島	EU	349	169	6,864	18	40
JX	Jan Mayen Island	ヤンマイエン島	EU	349	169	7,902	18	40
JY	Jordan	ヨルダン	AS	304	124	9,071	39	20
K, W, N, AA-AK	United States of America	アメリカ合衆国	NA	39	219	9,947	6, 7, 8	3, 4, 5
KG4	Guantanamo Bay	グアンタナモ湾	NA	36	216	12,863	11	8
KH0	Northern Mariana Islands	北マリアナ諸島	OC	162	342	2,257	64	27
KH1	Baker and Howland Islands	ベーカー島, ハウランド島	OC	120	300	6,022	61	31
KH2	Guam	グアム	OC	165	345	2,447	64	27
KH3	Johnston Island	ジョンストン島	OC	99	279	5,377	61	31
KH4	Midway Island	ミッドウェー島	OC	89	269	4,124	61	31
KH5	Palmyra and Jarvis Islands	パルマイラ島, ジャーヴィス島	OC	104	284	6,794	61, 62	31
KH5K	Kingman Reef	キングマン礁	OC	104	284	6,732	61	31
KH6, KH7	Hawaii	ハワイ	OC	87	267	6,227	61	31
KH7K	Kure Island	クーレイ島	OC	89	269	4,011	61	31
KH8	American Samoa	米領サモア	OC	127	307	7,622	62	32
KH8	Swains Island	スウェインズ島	OC	125	305	7,316	62	32
KH9	Wake Island	ウェーク島	OC	117	297	3,209	65	31
KL, AL, NL, WL	Alaska	アラスカ	NA	36	216	5,594	1, 2	1
KP1	Navassa Island	ナヴァッサ島	NA	37	217	13,053	11	8
KP2	U.S. Virgin Islands	米領バージン諸島	NA	27	207	13,561	11	8
KP4, KP3	Puerto Rico	プエルトリコ	NA	29	209	13,438	11	8
KP5	Desecheo Island	デセチェオ島	NA	30	210	13,400	11	8
LA-LN	Norway	ノルウェー	EU	336	156	8,417	18	14
LO-LW	Argentina	アルゼンチン	SA	92	272	18,391	14, 16	13
LX	Luxembourg	ルクセンブルグ	EU	331	151	9,540	27	14
LY	Lithuania	リトアニア	EU	326	146	8,200	29	15

プリフィックス	エンティティー	エンティティー日本語読み	大陸	方位(度) ショートパス	方位(度) ロングパス	距離(ショートパス)(km)	ゾーン ITU	ゾーン CQ
LZ	Bulgaria	ブルガリア	EU	318	138	9,182	28	20
OA-OC	Peru	ペルー	SA	64	244	15,525	12	10
OD	Lebanon	レバノン	AS	305	125	8,982	39	20
OE	Austria	オーストリア	EU	326	146	9,144	28	15
OF-OI	Finland	フィンランド	EU	331	151	7,828	18	15
OH0	Aland Islands	オーランド諸島	EU	333	153	8,040	18	15
OJ0	Market Reef	マーケット礁	EU	333	153	8,073	18	15
OK-OL	Czech Republic	チェコ	EU	328	148	9,083	28	15
OM	Slovak Republic	スロバキア	EU	325	145	8,938	28	15
ON-OT	Belgium	ベルギー	EU	333	153	9,458	27	14
OU-OW, OZ	Denmark	デンマーク	EU	333	153	8,702	18	14
OX	Greenland	グリーンランド	NA	5	185	9,023	5, 75	40
OY	Faroe Islands	フェロー諸島	EU	345	165	8,770	18	14
P2	Papua New Guinea	パプアニューギニア	OC	169	349	5,050	51	28
P4	Aruba	アルーバ	SA	36	216	13,851	11	9
P5	D.P.R. of Korea	朝鮮民主主義人民共和国	AS	292	112	1,278	44	25
PA-PI	The Netherlands	オランダ	EU	334	154	9,302	27	14
PJ2	Curacao	キュラソー	SA	35	215	13,901	11	9
PJ4	Bonaire	ボネール	SA	35	215	13,927	11	9
PJ5, 6	Sint Eustatius, Saba	シントユースタティウス, サバ	NA	25	205	13,633	11	8
PJ7	Sint Maarten	シントマールテン	NA	25	205	13,575	11	8
PP-PY	Brazil	ブラジル	SA	11	191	18,610	(D)	11
PP0-PY0F	Fernando de Noronha	フェルナンドデノローニャ諸島	SA	345	165	16,400	13	11
PP0-PY0S	Saint Peter and Saint Paul Archipelago	セントピーター・セントポール群島	SA	342	162	15,813	13	11
PP0-PY0T	Trindade and Martin Vaz Islands	トリンダーデ島, マルチンヴァス島	SA	324	144	18,025	15	11
PZ	Suriname	スリナム	SA	28	208	16,425	12	9
RI1FJ	Franz Josef Land	フランツヨーゼフ諸島	EU	348	168	6,126	75	40
S0	Western Sahara	西サハラ	AF	334	154	12,566	46	33
S2	Bangladesh	バングラデシュ	AS	269	89	4,843	41	22
S5	Slovenia	スロベニア	EU	325	145	9,363	28	15
S7	Seychelles	セーシェル	AF	263	83	9,674	53	39
S9	Sao Tome and Principe	サントメ・プリンシペ	AF	299	119	13,774	47	36
SA-SM	Sweden	スウェーデン	EU	333	153	8,186	18	14
SN-SR	Poland	ポーランド	EU	326	146	8,593	28	15
ST	Sudan	スーダン	AF	292	112	10,479	47, 48	34

資料編-03　DXCC Entity List

プリフィックス	エンティティー	エンティティー日本語読み	大陸	方位(度) ショートパス	方位(度) ロングパス	距離(ショートパス)(km)	ゾーン ITU	ゾーン CQ
SU	Egypt	エジプト	AF	304	124	9,553	38	34
SV-SZ	Greece	ギリシャ	EU	315	135	9,510	28	20
SV/A	Mount Athos	アトス山	EU	316	136	9,307	28	20
SV5, J45	Dodecanese	ドデカニサ諸島	EU	311	131	9,369	28	20
SV9, J49	Crete	クレタ島	EU	312	132	9,606	28	20
T2	Tuvalu	ツバル	OC	132	312	6,397	65	31
T30	W. Kiribati (Gilbert Islands)	西キリバス	OC	129	309	5,391	65	31
T31	C. Kiribati (Phoenix Islands)	中央キリバス	OC	119	299	6,730	62	31
T32	E. Kiribati (Line Islands)	東キリバス	OC	109	289	8,165	61, 63	31
T33	Banaba Island (Ocean Island)	バナバ島	OC	136	316	5,109	65	31
T5, 6O	Somalia	ソマリア	AF	274	94	10,190	48	37
T7	San Marino	サンマリノ	EU	325	145	9,660	28	15
T8	Palau	パラオ	OC	183	3	2,886	64	27
TA-TC	Turkey	トルコ	EU/AS	311	131	8,765	39	20
TF	Iceland	アイスランド	EU	352	172	8,828	17	40
TG, TD	Guatemala	グアテマラ	NA	53	233	12,364	12	7
TI, TE	Costa Rica	コスタリカ	NA	51	231	13,212	11	7
TI9	Cocos Island	ココ島	NA	57	237	13,409	12	7
TJ	Cameroon	カメルーン	AF	297	117	13,008	47	36
TK	Corsica	コルシカ / コルス	EU	326	146	10,039	28	15
TL	Central Africa	中央アフリカ	AF	293	113	12,479	47	36
TN	Republic of Congo	コンゴ共和国	AF	288	108	13,345	52	36
TR	Gabon	ガボン	AF	297	117	13,518	52	36
TT	Chad	チャド	AF	301	121	12,152	47	36
TU	Cote d'Ivoire	コートジボワール / 象牙海岸	AF	312	132	14,076	46	35
TY	Benin	ベナン	AF	307	127	13,567	46	35
TZ	Mali	マリ	AF	322	142	13,633	46	35
UA-UI, RA-RZ1-6	European Russia	ロシア欧州部	EU	330	150	7,618	(E)	16
UA2, RA2	Kaliningrad	カリーニングラード	EU	329	149	8,407	29	15
UA-UI, RA-RZ7-0	Asiatic Russia	ロシア亜細亜部	AS	316	136	4,320	(F)	(G)
UJ-UM	Uzbekistan	ウズベキスタン	AS	299	119	6,452	30	17
UN-UQ	Kazakhstan	カザフスタン	AS	313	133	5,224	29-31	17
UR-UZ, EM-EO	Ukraine	ウクライナ	EU	321	141	8,177	29	16
V2	Antigua and Barbuda	アンティグア・バーブーダ	NA	25	205	13,763	11	8
V3	Belize	ベリーズ	NA	49	229	12,275	11	7

プリフィックス	エンティティー	エンティティー日本語読み	大陸	方位(度) ショートパス	方位(度) ロングパス	距離(ショートパス)(km)	ゾーン ITU	ゾーン CQ
V4	Saint Kitts and Nevis	セントキッツ	NA	25	205	13,709	11	8
V5	Namibia	ナミビア	AF	268	88	14,311	57	38
V6	Micronesia	ミクロネシア	OC	150	330	3,588	65	27
V7	Marshall Islands	マーシャル諸島	OC	130	310	4,038	65	31
V8	Brunei Darussalam	ブルネイ	OC	222	42	4,210	54	28
VE, VO, VY	Canada	カナダ	NA	27	207	10,380	(H)	41279
VK	Australia	オーストラリア	OC	185	5	6,736	(I)	29, 30
VK0	Heard Island	ハード島	AF	215	35	11,723	68	39
VK0	Macquarie Island	マッコーリー島	OC	169	349	10,192	60	30
VK9C	Cocos (Keeling) Islands	ココス諸島	OC	228	48	6,938	54	29
VK9L	Lord Howe Island	ロードハウ島	OC	162	342	7,731	60	30
VK9M	Mellish Reef	メリッシュ礁	OC	161	341	6,144	56	30
VK9N	Norfolk Island	ノーフォーク島	OC	154	334	7,760	60	32
VK9W	Willis Island	ウィリス島	OC	168	348	5,817	55	30
VK9X	Christmas Island	クリスマス島	OC	221	41	6,216	54	29
VP2E	Anguilla	アンギラ	NA	25	205	13,590	11	8
VP2M	Montserrat	モントセラト	NA	25	205	13,776	11	8
VP2V	British Virgin Islands	英領バージン諸島	NA	27	207	13,515	11	8
VP5	Turks and Caicos Islands	タークス・カイコス諸島	NA	32	212	12,822	11	8
VP6	Ducie Island	デュシー島	OC	108	288	12,060	63	32
VP6	Pitcairn Island	ピトケアン島	OC	111	291	11,630	63	32
VP8	Falkland Islands	フォークランド諸島	SA	147	327	17,689	16	13
VP8, LU	South Georgia Island	南ジョージア島	SA	187	7	17,933	73	13
VP8, LU	South Orkney Islands	南オークニー諸島	SA	174	354	17,256	73	13
VP8, LU	South Sandwich Islands	南サンドウィッチ諸島	SA	198	18	17,440	73	13
VP8, LU, CE9, HF0, 4K1	South Shetland Islands	南シェトランド諸島	SA	163	343	16,807	73	13
VP9	Bermuda	バミューダ	NA	21	201	12,075	11	5
VQ9	Chagos Islands	チャゴス諸島	AF	250	70	8,453	41	39
VR	Hong Kong	香港	AS	247	67	2,849	44	24
VU	India	インド	AS	281	101	5,868	41	22
VU4	Andaman and Nicobar Islands	アンダマン・ニコバル諸島	AS	250	70	5,384	49	26
VU7	Lakshadweep Islands	ラクシャディープ諸島	AS	266	86	7,507	41	22
XA-XI, 6D-6J	Mexico	メキシコ	NA	55	235	11,347	10	6
XA4-XI4	Revillagigedo Islands	レビジャヒヘド諸島	NA	64	244	10,389	10	6
XT	Burkina Faso	ブルキナファソ	AF	315	135	13,318	46	35

資料編-03　DXCC Entity List

プリフィックス	エンティティー	エンティティー日本語読み	大陸	方位(度) ショートパス	方位(度) ロングパス	距離(ショートパス)(km)	ゾーン ITU	ゾーン CQ
XU	Cambodia	カンボジア	AS	241	61	4,368	49	26
XW	Laos	ラオス	AS	252	72	4,116	49	26
XX9	Macao	マカオ	AS	246	66	2,882	44	24
XY-XZ	Myanmar	ミャンマー	AS	256	76	4,757	49	26
YA	Afghanistan	アフガニスタン	AS	290	110	6,727	40	21
YB-YH	Indonesia	インドネシア	OC	223	43	5,720	51, 54	28
YI	Iraq	イラク	AS	300	120	8,353	39	21
YJ	Vanuatu	バヌアツ	OC	148	328	6,661	56	32
YK	Syria	シリア	AS	305	125	8,901	39	20
YL	Latvia	ラトビア	EU	329	149	8,096	29	15
YN, H6-7, HT	Nicaragua	ニカラグア	NA	51	231	12,902	11	7
YO-YR	Romania	ルーマニア	EU	318	138	8,888	28	20
YS, HU	El Salvador	エルサルバドル	NA	52	232	12,521	11	7
YT-YU	Serbia	セルビア	EU	321	141	9,178	28	15
YV-YY, 4M	Venezuela	ベネズエラ	SA	34	214	14,202	12	9
YV0	Aves Island	アベス島	NA	34	214	14,019	11	8
Z2	Zimbabwe	ジンバブエ	AF	265	85	12,788	53	38
Z3	Macedonia	マケドニア	EU	318	138	9,328	28	15
Z8	The Republic of South Sudan	南スーダン	AF	284	104	11,335	47, 48	34
ZA	Albania	アルバニア	EU	319	139	9,501	28	15
ZB2	Gibraltar	ジブラルタル	EU	332	152	11,283	37	14
ZC4	Cyprus：Sovereign Base Areas (United Kingdom)	英国主権キプロス基地	AS	307	127	9,090	39	20
ZD7	Saint Helena	セントヘレナ	AF	293	113	15,968	66	36
ZD8	Ascension	アセンション	AF	312	132	15,942	66	36
ZD9	Tristan da Cunha and Gough Island	トリスタンダクーニャ, ゴフ島	AF	257	77	17,485	66	38
ZF	Cayman Islands	ケイマン諸島	NA	42	222	12,556	11	8
ZK3	Tokelau Islands	トケラウ諸島	OC	124	304	6,990	62	31
ZL-ZM	New Zealand	ニュージーランド	OC	154	334	9,263	60	32
ZL7	Chatham Islands	チャタム諸島	OC	150	330	9,881	60	32
ZL8	Kermadec Islands	ケルマデック諸島	OC	143	323	8,530	60	32
ZL9	Auckland and Campbell Islands	オークランド諸島, キャンベル島	OC	163	343	10,189	60	32
ZP	Paraguay	パラグアイ	SA	60	240	18,028	14	11
ZR-ZU	South Africa	南アフリカ	AF	258	78	13,507	57	38
ZS8	Prince Edward and Marion Islands	プリンスエドワード島, マリオン島	AF	233	53	13,606	57	38

● 方位, 距離の基準地は東京都豊島区巣鴨　Total 340 Entities (February 2013)
大陸名　AF=Africa　AN=Antarctica　AS=Asia　EU=Europe　NA=North America　OC=Oceania　SA=South America
ゾーン　(A) 33,42,43,44　(B) 67,69-74　(C) 12,13,29,30,32,38,39　(D) 12,13,15　(E) 19,20,29,30
　　　　(F) 20-26,30-35,75　(G) 16,17,18,19,23　(H) 2,3,4,9,75　(I) 55,58,59

資料編-04
国際呼出符字列分配表

最初は海外局のコールサインを聞いても、どこの国なのかわからないことも多いかと思います．アマチュア局のコールサインのプリフィックス（頭2～3文字）は国によって固有のものが割り当てられているため，このリストとプリフィックスを照らし合わせることで，どこの国の局なのかを調べることができます．

符字列 (Series)	国 (Allocated to)	符字列 (Series)	国 (Allocated to)
2AA-2ZZ	United Kingdom of Great Britain and Northern Ireland	4PA-4SZ	Sri Lanka (Democratic Socialist Republic of)
3AA-3AZ	Monaco (Principality of)	4TA-4TZ	Peru
3BA-3BZ	Mauritius (Republic of)	4UA-4UZ	United Nations
3CA-3CZ	Equatorial Guinea (Republic of)	4VA-4VZ	Haiti (Republic of)
3DA-3DM	Swaziland (Kingdom of)	4WA-4WZ	Timor-Leste (Democratic Republic of)
3DN-3DZ	Fiji (Republic of)		
3EA-3EZ 3FA-3FZ	Panama (Republic of)	4XA-4XZ	Israel (State of)
3GA-3GZ	Chile	4YA-4YZ	International Civil Aviation Organization
3HA-3UZ	China (People's Republic of)		
3VA-3VZ	Tunisia	4ZA-4ZZ	Israel (State of)
3WA-3WZ	Viet Nam (Socialist Republic of)	5AA-5AZ	Libya
3XA-3XZ	Guinea (Republic of)	5BA-5BZ	Cyprus (Republic of)
3YA-3YZ	Norway	5CA-5GZ	Morocco (Kingdom of)
3ZA-3ZZ	Poland (Republic of)	5HA-5IZ	Tanzania (United Republic of)
4AA-4CZ	Mexico	5JA-5KZ	Colombia (Republic of)
4DA-4IZ	Philippines (Republic of the)	5LA-5MZ	Liberia (Republic of)
4JA-4KZ	Azerbaijani Republic	5NA-5OZ	Nigeria (Federal Republic of)
4LA-4LZ	Georgia	5PA-5QZ	Denmark
4MA-4MZ	Venezuela (Bolivarian Republic of)	5RA-5SZ	Madagascar (Republic of)
4OA-4OZ	Montenegro	5TA-5TZ	Mauritania (Islamic Republic of)

資料編-04　国際呼出符字列分配表

符字列(Series)	国(Allocated to)	符字列(Series)	国(Allocated to)
5UA-5UZ	Niger(Republic of the)	8PA-8PZ	Barbados
5VA-5VZ	Togolese Republic	8QA-8QZ	Maldives(Republic of)
5WA-5WZ	Samoa(Independent State of)	8RA-8RZ	Guyana
5XA-5XZ	Uganda(Republic of)	8SA-8SZ	Sweden
5YA-5ZZ	Kenya(Republic of)	8TA-8YZ	India(Republic of)
6AA-6BZ	Egypt(Arab Republic of)	8ZA-8ZZ	Saudi Arabia(Kingdom of)
6CA-6CZ	Syrian Arab Republic	9AA-9AZ	Croatia(Republic of)
6DA-6JZ	Mexico	9BA-9DZ	Iran(Islamic Republic of)
6KA-6NZ	Korea(Republic of)	9EA-9FZ	Ethiopia (Federal Democratic Republic of)
6OA-6OZ	Somali Democratic Republic	9GA-9GZ	Ghana
6PA-6SZ	Pakistan(Islamic Republic of)	9HA-9HZ	Malta
6TA-6UZ	Sudan(Republic of the)	9IA-9JZ	Zambia(Republic of)
6VA-6WZ	Senegal(Republic of)	9KA-9KZ	Kuwait(State of)
6XA-6XZ	Madagascar(Republic of)	9LA-9LZ	Sierra Leone
6YA-6YZ	Jamaica	9MA-9MZ	Malaysia
6ZA-6ZZ	Liberia(Republic of)	9NA-9NZ	Nepal (Federal Democratic Republic of)
7AA-7IZ	Indonesia(Republic of)	9OA-9TZ	Democratic Republic of the Congo
7JA-7NZ	Japan	9UA-9UZ	Burundi(Republic of)
7OA-7OZ	Yemen(Republic of)	9VA-9VZ	Singapore(Republic of)
7PA-7PZ	Lesotho(Kingdom of)	9WA-9WZ	Malaysia
7QA-7QZ	Malawi	9XA-9XZ	Rwanda(Republic of)
7RA-7RZ	Algeria(People's Democratic Republic of)	9YA-9ZZ	Trinidad and Tobago
7SA-7SZ	Sweden	A2A-A2Z	Botswana(Republic of)
7TA-7YZ	Algeria (People's Democratic Republic of)	A3A-A3Z	Tonga(Kingdom of)
7ZA-7ZZ	Saudi Arabia(Kingdom of)	A4A-A4Z	Oman(Sultanate of)
8AA-8IZ	Indonesia(Republic of)	A5A-A5Z	Bhutan(Kingdom of)
8JA-8NZ	Japan	A6A-A6Z	United Arab Emirates
8OA-8OZ	Botswana(Republic of)	A7A-A7Z	Qatar(State of)

符字列 (Series)	国 (Allocated to)
A8A-A8Z	Liberia (Republic of)
A9A-A9Z	Bahrain (Kingdom of)
AAA-ALZ	United States of America
AMA-AOZ	Spain
APA-ASZ	Pakistan (Islamic Republic of)
ATA-AWZ	India (Republic of)
AXA-AXZ	Australia
AYA-AZZ	Argentine Republic
BAA-BZZ	China (People's Republic of)
C2A-C2Z	Nauru (Republic of)
C3A-C3Z	Andorra (Principality of)
C4A-C4Z	Cyprus (Republic of)
C5A-C5Z	Gambia (Republic of the)
C6A-C6Z	Bahamas (Commonwealth of the)
C7A-C7Z	World Meteorological Organization
C8A-C9Z	Mozambique (Republic of)
CAA-CEZ	Chile
CFA-CKZ	Canada
CLA-CMZ	Cuba
CNA-CNZ	Morocco (Kingdom of)
COA-COZ	Cuba
CPA-CPZ	Bolivia (Plurinational State of)
CQA-CUZ	Portugal
CVA-CXZ	Uruguay (Eastern Republic of)
CYA-CZZ	Canada
D2A-D3Z	Angola (Republic of)
D4A-D4Z	Cape Verde (Republic of)
D5A-D5Z	Liberia (Republic of)
D6A-D6Z	Comoros (Union of the)
D7A-D9Z	Korea (Republic of)

符字列 (Series)	国 (Allocated to)
DAA-DRZ	Germany (Federal Republic of)
DSA-DTZ	Korea (Republic of)
DUA-DZZ	Philippines (Republic of the)
E2A-E2Z	Thailand
E3A-E3Z	Eritrea
E4A-E4Z	Palestine (In accordance with Resolution 99 Rev. Guadalajara, 2010)
E5A-E5Z	New Zealand - Cook Islands
E6A-E6Z	New Zealand - Niue
E7A-E7Z	Bosnia and Herzegovina
EAA-EHZ	Spain
EIA-EJZ	Ireland
EKA-EKZ	Armenia (Republic of)
ELA-ELZ	Liberia (Republic of)
EMA-EOZ	Ukraine
EPA-EQZ	Iran (Islamic Republic of)
ERA-ERZ	Moldova (Republic of)
ESA-ESZ	Estonia (Republic of)
ETA-ETZ	Ethiopia (Federal Democratic Republic of)
EUA-EWZ	Belarus (Republic of)
EXA-EXZ	Kyrgyz Republic
EYA-EYZ	Tajikistan (Republic of)
EZA-EZZ	Turkmenistan
FAA-FZZ	France
GAA-GZZ	United Kingdom of Great Britain and Northern Ireland
H2A-H2Z	Cyprus (Republic of)
H3A-H3Z	Panama (Republic of)

資料編-04　国際呼出符字列分配表

符字列(Series)	国(Allocated to)	符字列(Series)	国(Allocated to)
H4A-H4Z	Solomon Islands	J7A-J7Z	Dominica (Commonwealth of)
H6A-H7Z	Nicaragua	J8A-J8Z	Saint Vincent and the Grenadines
H8A-H9Z	Panama (Republic of)	JAA-JSZ	Japan
HAA-HAZ	Hungary	JTA-JVZ	Mongolia
HBA-HBZ	Switzerland (Confederation of)	JWA-JXZ	Norway
HCA-HDZ	Ecuador	JYA-JYZ	Jordan (Hashemite Kingdom of)
HEA-HEZ	Switzerland (Confederation of)	JZA-JZZ	Indonesia (Republic of)
HFA-HFZ	Poland (Republic of)	KAA-KZZ	United States of America
HGA-HGZ	Hungary	L2A-L9Z	Argentine Republic
HHA-HHZ	Haiti (Republic of)	LAA-LNZ	Norway
HIA-HIZ	Dominican Republic	LOA-LWZ	Argentine Republic
HJA-HKZ	Colombia (Republic of)	LXA-LXZ	Luxembourg
HLA-HLZ	Korea (Republic of)	LYA-LYZ	Lithuania (Republic of)
HMA-HMZ	Democratic People's Republic of Korea	LZA-LZZ	Bulgaria (Republic of)
HNA-HNZ	Iraq (Republic of)	MAA-MZZ	United Kingdom of Great Britain and Northern Ireland
HOA-HPZ	Panama (Republic of)	NAA-NZZ	United States of America
HQA-HRZ	Honduras (Republic of)	OAA-OCZ	Peru
HSA-HSZ	Thailand	ODA-ODZ	Lebanon
HTA-HTZ	Nicaragua	OEA-OEZ	Austria
HUA-HUZ	El Salvador (Republic of)	OFA-OJZ	Finland
HVA-HVZ	Vatican City State	OKA-OLZ	Czech Republic
HWA-HYZ	France	OMA-OMZ	Slovak Republic
HZA-HZZ	Saudi Arabia (Kingdom of)	ONA-OTZ	Belgium
IAA-IZZ	Italy	OUA-OZZ	Denmark
J2A-J2Z	Djibouti (Republic of)	P2A-P2Z	Papua New Guinea
J3A-J3Z	Grenada	P3A-P3Z	Cyprus (Republic of)
J4A-J4Z	Greece	P4A-P4Z	Netherlands (Kingdom of the) - Aruba
J5A-J5Z	Guinea-Bissau (Republic of)	P5A-P9Z	Democratic People's Republic of Korea
J6A-J6Z	Saint Lucia		

符字列 (Series)	国 (Allocated to)	符字列 (Series)	国 (Allocated to)
PAA-PIZ	Netherlands (Kingdom of the)	T8A-T8Z	Palau (Republic of)
PJA-PJZ	Netherlands (Kingdom of the) - Curacao	TAA-TCZ	Turkey
PJA-PJZ	Netherlands (Kingdom of the) - Sint Maarten (Dutch part)	TDA-TDZ	Guatemala (Republic of)
		TEA-TEZ	Costa Rica
		TFA-TFZ	Iceland
PJA-PJZ	Netherlands (Kingdom of the) - Bonaire, Sint Eustatius and Saba	TGA-TGZ	Guatemala (Republic of)
		THA-THZ	France
PKA-POZ	Indonesia (Republic of)	TIA-TIZ	Costa Rica
PPA-PYZ	Brazil (Federative Republic of)	TJA-TJZ	Cameroon (Republic of)
PZA-PZZ	Suriname (Republic of)	TKA-TKZ	France
RAA-RZZ	Russian Federation	TLA-TLZ	Central African Republic
S2A-S3Z	Bangladesh (People's Republic of)	TMA-TMZ	France
S5A-S5Z	Slovenia (Republic of)	TNA-TNZ	Congo (Republic of the)
S6A-S6Z	Singapore (Republic of)	TOA-TQZ	France
S7A-S7Z	Seychelles (Republic of)	TRA-TRZ	Gabonese Republic
S8A-S8Z	South Africa (Republic of)	TSA-TSZ	Tunisia
S9A-S9Z	Sao Tome and Principe (Democratic Republic of)	TTA-TTZ	Chad (Republic of)
		TUA-TUZ	Cote d'Ivoire (Republic of)
SAA-SMZ	Sweden	TVA-TXZ	France
SNA-SRZ	Poland (Republic of)	TYA-TYZ	Benin (Republic of)
SSA-SSM	Egypt (Arab Republic of)	TZA-TZZ	Mali (Republic of)
SSN-STZ	Sudan (Republic of the)	UAA-UIZ	Russian Federation
SUA-SUZ	Egypt (Arab Republic of)	UJA-UMZ	Uzbekistan (Republic of)
SVA-SZZ	Greece	UNA-UQZ	Kazakhstan (Republic of)
T2A-T2Z	Tuvalu	URA-UZZ	Ukraine
T3A-T3Z	Kiribati (Republic of)	V2A-V2Z	Antigua and Barbuda
T4A-T4Z	Cuba	V3A-V3Z	Belize
T5A-T5Z	Somali Democratic Republic	V4A-V4Z	Saint Kitts and Nevis (Federation of)
T6A-T6Z	Afghanistan	V5A-V5Z	Namibia (Republic of)
T7A-T7Z	San Marino (Republic of)	V6A-V6Z	Micronesia (Federated States of)

資料編-04　国際呼出符字列分配表

符字列 (Series)	国 (Allocated to)
V7A-V7Z	Marshall Islands (Republic of the)
V8A-V8Z	Brunei Darussalam
VAA-VGZ	Canada
VHA-VNZ	Australia
VOA-VOZ	Canada
VPA-VQZ	United Kingdom of Great Britain and Northern Ireland
VRA-VRZ	China (People's Republic of) - Hong Kong
VSA-VSZ	United Kingdom of Great Britain and Northern Ireland
VTA-VWZ	India (Republic of)
VXA-VYZ	Canada
VZA-VZZ	Australia
WAA-WZZ	United States of America
XAA-XIZ	Mexico
XJA-XOZ	Canada
XPA-XPZ	Denmark
XQA-XRZ	Chile
XSA-XSZ	China (People's Republic of)
XTA-XTZ	Burkina Faso
XUA-XUZ	Cambodia (Kingdom of)
XVA-XVZ	Viet Nam (Socialist Republic of)
XWA-XWZ	Lao People's Democratic Republic
XXA-XXZ	China (People's Republic of) - Macao
XYA-XZZ	Myanmar (Union of)
Y2A-Y9Z	Germany (Federal Republic of)
YAA-YAZ	Afghanistan
YBA-YHZ	Indonesia (Republic of)
YIA-YIZ	Iraq (Republic of)

符字列 (Series)	国 (Allocated to)
YJA-YJZ	Vanuatu (Republic of)
YKA-YKZ	Syrian Arab Republic
YLA-YLZ	Latvia (Republic of)
YMA-YMZ	Turkey
YNA-YNZ	Nicaragua
YOA-YRZ	Romania
YSA-YSZ	El Salvador (Republic of)
YTA-YUZ	Serbia (Republic of)
YVA-YYZ	Venezuela (Bolivarian Republic of)
Z2A-Z2Z	Zimbabwe (Republic of)
Z3A-Z3Z	The Former Yugoslav Republic of Macedonia
Z8A-Z8Z	South Sudan (Republic of)
ZAA-ZAZ	Albania (Republic of)
ZBA-ZJZ	United Kingdom of Great Britain and Northern Ireland
ZKA-ZMZ	New Zealand
ZNA-ZOZ	United Kingdom of Great Britain and Northern Ireland
ZPA-ZPZ	Paraguay (Republic of)
ZQA-ZQZ	United Kingdom of Great Britain and Northern Ireland
ZRA-ZUZ	South Africa (Republic of)
ZVA-ZZZ	Brazil (Federative Republic of)

(2013年3月1日現在)

索引

数字

1.8/1.9MHz	38
10MHz	46
10mバンド	60
12mバンド	57
14MHz	48
15mバンド	54
160mバンド	38
17mバンド	51
18MHz	51
20mバンド	48
21MHz	54
24MHz	57
28MHz	60
3.5/3.8MHz	42
30mバンド	46
40mバンド	43
7MHz	43
80m/75mバンド	42

アルファベット

AJD	10
ARRL	32
C.Q.アンテナ	26
CQ	59, 79
CQ ham radio	89
CQ WPXコンテスト	50
CQ WWコンテスト	50
CW	16
CWフィルタ	19
DSP	20
DXペディション	66
D層	93
Es層	94, 96
Eスポ	94, 96
F層	95
GMT	90
HF	12
HFバンド	12, 36
IRC	91
JST	89, 90
MF	13
PTTロック	21
QRZ.com	91
QSB	85, 95
QSLカード	10, 89
QSLビューロー	90
Q符号	71, 82
RFチョーク	23
RSレポート	71
SASE	90
SWLカード	34
SWR	27
UTC	89
V/UHF	13
WAC	10
WARCバンド	13, 36

ア

アパマン	19
アマチュアバンド	13
アマチュア無線技士	6, 7
アワード	10
アンテナ	22
アンテナ・アナライザ	27

索引

移動局 ―― 74
インピーダンス・マッチング ―― 28, 29
打ち上げ角 ―― 25, 100
エコー ―― 86, 101
エンティティー ―― 32
欧文通話表 ―― 69
オフ・バンド ―― 38

カ

ガンマ・マッチ ―― 29
技術基準適合認定 ―― 21
記念局 ―― 64, 70
旧コールサイン ―― 30
キュービカルクワッド・アンテナ ―― 10, 26
仰角 ―― 25
局免 ―― 29
クラブ局 ―― 75
グリーン・スタンプ ―― 91
交信証明書 ―― 10
コールサイン ―― 87
国際返信切手券 ―― 91
国旗アンテナ ―― 43
コンディション ―― 97
コンテスト ―― 9, 50
コンピュータ・ロギング ―― 35

サ

サフィックス ―― 67
サンスポット・サイクル ―― 99
指向性 ―― 25
シャック ―― 18
自由電子 ―― 15
受信報告証 ―― 34
証紙 ―― 91
ショートQSO ―― 62

ショートパス ―― 97
シングルバンド・トランシーバ ―― 21
シンプレックス ―― 83
垂直面指向性 ―― 25
水平面指向性 ―― 25
スキップ・ゾーン ―― 14, 95
スプリット運用 ―― 83
スポラディックE層 ―― 94, 96
正距方位図法 ―― 34
世界標準時 ―― 89
総合通信局 ―― 29
ソータ・バラン ―― 23

タ

大圏コース ―― 34, 97
大圏地図 ―― 34, 97
大地反射波 ―― 14
ダイポール・アンテナ ―― 19, 24
太陽黒点数 ―― 99
ダイレクト ―― 90
ダウン・スプリット ―― 39
卓上マイク ―― 21
縦振り電鍵 ―― 21
短縮バーチカル・アンテナ ―― 42
地域指定 ―― 68, 79
中波 ―― 13
直接波 ―― 14, 92
通話表 ―― 69
デルタ・ループ・アンテナ ―― 50
電鍵 ―― 21
電子申請 ―― 30
電信 ―― 8
電波伝搬 ―― 14
電離層 ―― 14, 15, 92
電離層反射波 ―― 92

トップバンド	12, 38
トラディショナル・バンド	13, 36
トロイダル・コア	23

ナ

日本時間	89
ネットQSO	49

ハ

バーチカル・アンテナ	19, 24
ハイバンド	12
パイルアップ	33, 83, 84
はしごフィーダ	23, 42
パドル	21
ハムログ	35
バラン	23
バルーン・アンテナ	42
バンド	15
バンド・エッジ	41
ハンド・マイク	21
ハンドル・ネーム	66
ビーコン	100
ビーム・アンテナ	26
ビッグ・ガン	84
ビバレージ・アンテナ	39
フェージング	95
フェード・アウト	26
不感地帯	14
不平衡	23
フラッター	86, 101
プリフィックス	67
フル・コール	67
フル・ブレークイン	19, 84
ヘアピン・マッチ	28
平衡	23

保障認定	21

マ

マイク	21
マスト	19
マルチバンド・アンテナ	23
無線機	19
無線局免許状	29
メルカトル図法	34
モービル・ホイップ	19
モールス・キー	21
モールス通信	8, 16
モノバンド・アンテナ	22

ヤ

八木・宇田アンテナ	26

ラ

ラバー・スタンプQSO	62
リトル・ピストル	84
略符号	80
ループ・アンテナ	24, 42
ルーフ・タワー	18
ローテーター	18
ローパワー	54
ローバンド	12
ロギング・ソフト	35
ログ	34
ログペリ	26, 55
ログペリオディック・アンテナ	26
ロング・ワイヤ・アンテナ	19
ロングパス	97

ワ

和文通話表	70

著者プロフィール

前田 隼(まえだ じゅん)

1987年　北海道札幌市生まれ
2000年　JL8AQH開局(札幌市)
2001年　HFの世界へ入門
2004年　第1級アマチュア無線技士
2012年　DL/JL8AQHとしてドイツ・ミュンヘンよりHF帯を運用
2013年現在　北海道大学大学院　博士後期課程在籍(電離層研究)

ひとこと紹介

2001年，海外交信にあこがれてHFの世界へ入門．以来CW運用を中心にHF通信を楽しんでいる．また，開局以来自作アンテナを使って交信しており，安くてよく飛ぶアンテナを常に模索している．2013年までにHF帯で世界6大陸，180か国(300エンティティー)以上と交信．最近の主な関心事はHF帯の電離層電波伝搬．
E-Mail：jl8aqh@gmail.com

■ **本書に関する質問について**

文章，数式，写真，図などの記述上の不明点についての質問は，必ず往復はがきか返信用封筒を同封した封書でお願いいたします．勝手ながら，電話での問い合わせは応じかねます．質問は著者に回送し，直接回答していただくので多少時間がかかります．また，本書の記載範囲を超える質問には応じられませんのでご了承ください．

質問封書の郵送先

〒112-8619 東京都文京区千石 4-29-14　CQ出版株式会社
「HF通信入門」質問係 宛

- **本書記載の社名，製品名について** ── 本書に記載されている社名および製品名は，一般に開発メーカーの登録商標です．なお，本文中ではTM，®，©の各表示は明記していません．
- **本書記載記事の利用についての注意** ── 本書記載記事は著作権法により保護され，また産業財産権が確立されている場合があります．したがって，記事として掲載された技術情報をもとに製品化するには，著作権者および産業財産権者の許可が必要です．また，掲載された技術情報を利用することにより発生した損害などに関しては，CQ出版社および著作権者ならびに産業財産権者は責任を負いかねますのでご了承ください．
- **本書の複製などについて** ── 本書のコピー，スキャン，デジタル化などの無断複製は著作権法上での例外を除き，禁じられています．本書を代行業者などの第三者に依頼してスキャンやデジタル化することは，たとえ個人や家庭内の利用でも認められておりません．

JCOPY　〈出版者著作権管理機構委託出版物〉
本書の全部または一部を無断で複写複製（コピー）することは，著作権法上での例外を除き，禁じられています．本書からの複製を希望される場合は，出版者著作権管理機構（TEL：03-5244-5088）にご連絡ください．

HF通信入門

2013年4月1日　初版発行　　　　　　　　　　　　　　　　　© 前田 隼　2013
2022年4月1日　第2版発行　　　　　　　　　　　　　　　　（無断転載を禁じます）

　　　　　　　　　　　　　　　　　　　著　者　前　田　　　隼
　　　　　　　　　　　　　　　　　　　発行人　小　澤　拓　治
　　　　　　　　　　　　　　　　　　　発行所　CQ出版株式会社
　　　　　　　　　　　　　　　　　　　〒112-8619　東京都文京区千石 4-29-14
　　　　　　　　　　　　　　　　　　　電話　編集 03-5395-2149
乱丁，落丁本はお取り替えします　　　　　　　　　　販売 03-5395-2141
定価はカバーに表示してあります　　　　　　　　　　振替　00100-7-10665

ISBN978-4-7898-1589-5　　　　　　　　　　　　　編集担当者　櫻田 洋一
Printed in Japan　　　　　　　　　　　　　　本文デザイン・DTP　㈱コイグラフィー
　　　　　　　　　　　　　　　　　　　　　　　　　イラスト　神崎 真理子
　　　　　　　　　　　　　　　　　　　　　　印刷・製本　三共グラフィック㈱